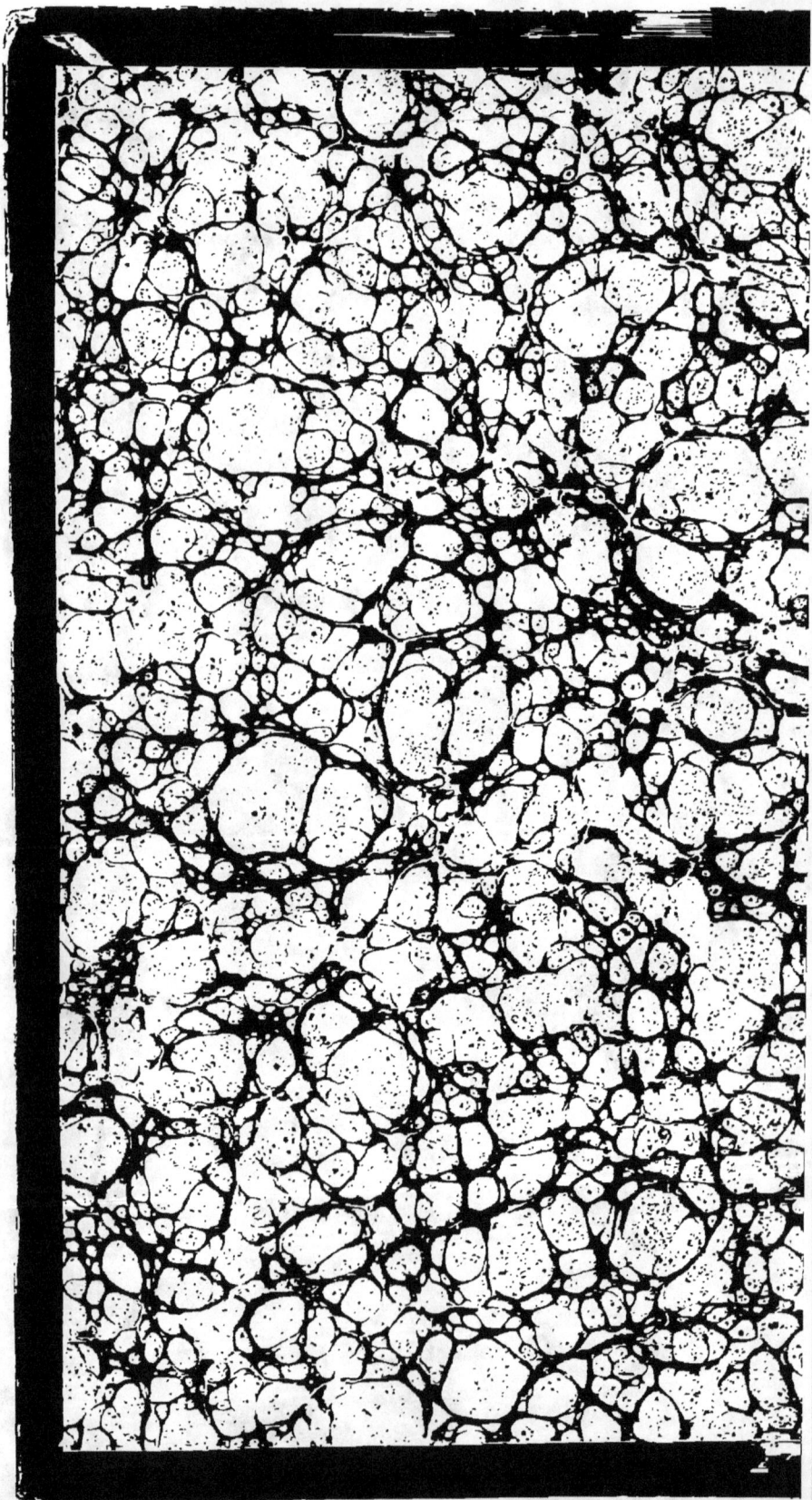

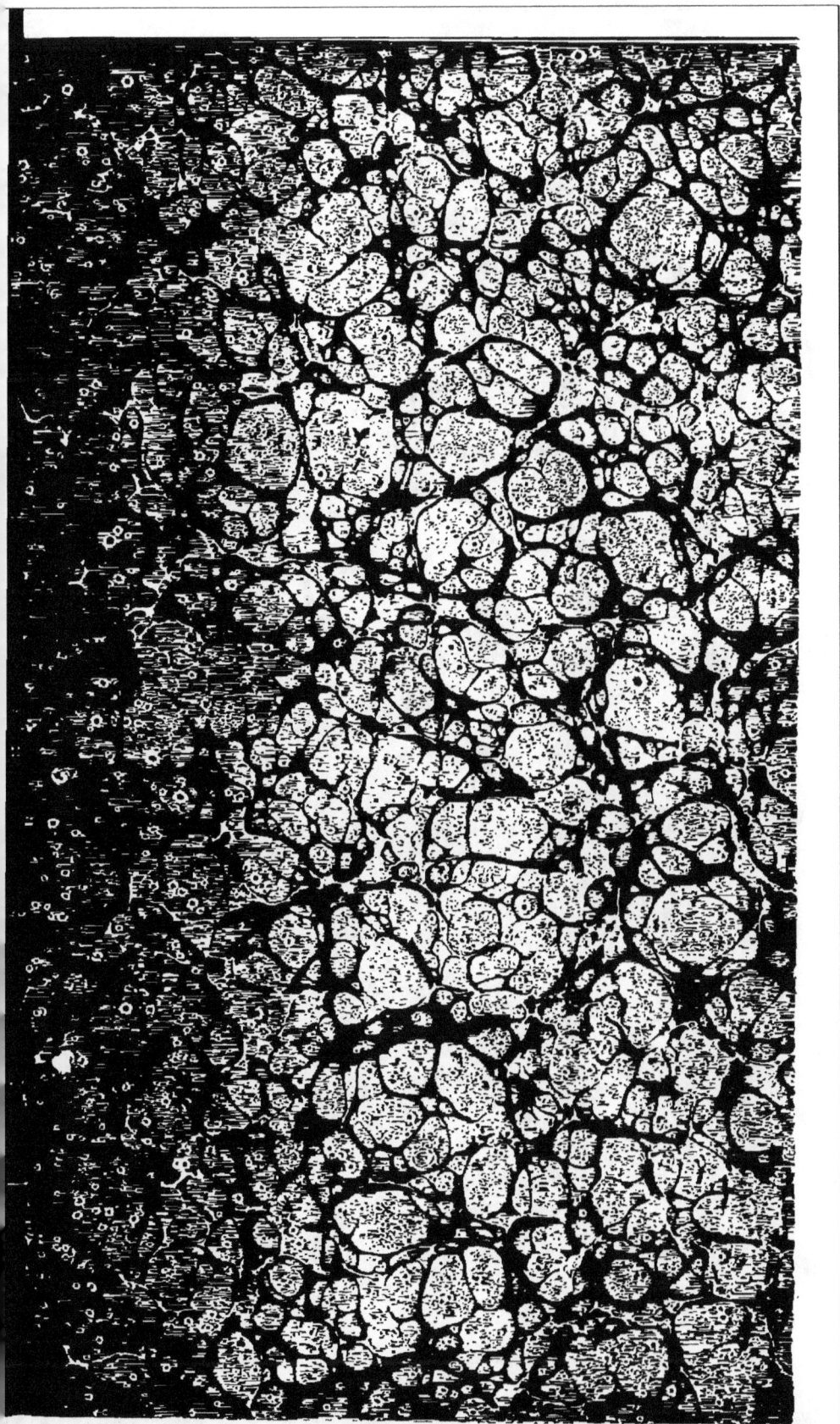

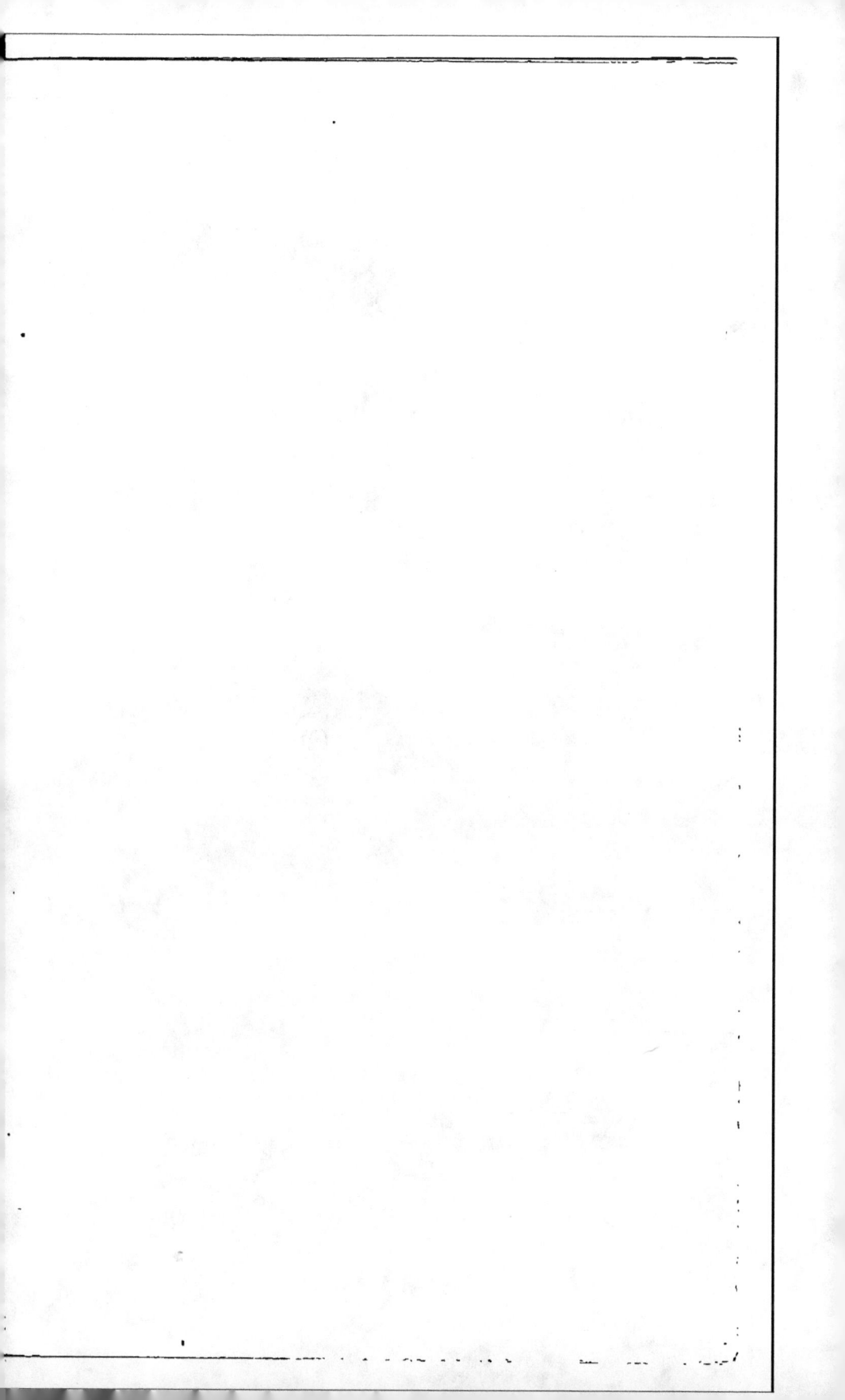

26 39

NOTICE

SUR LES

SYSTÈMES DE MONTAGNES.

Au dépôt des publications de la librairie P. Bertrand,

Chez MM. TREUTTEL et WÜRTZ, à Strasbourg.

IMPRIMERIE DE L. MARTINET,
RUE MIGNON, 2.

NOTICE

SUR LES

SYSTÈMES DE MONTAGNES,

PAR

L. ÉLIE DE BEAUMONT,

De l'Académie des sciences, Membre du Sénat
Inspecteur général des Mines, etc.

—

TOME III.

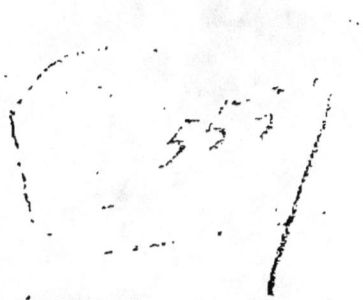

PARIS,

CHEZ P. BERTRAND, LIBRAIRE-ÉDITEUR,
RUE SAINT-ANDRÉ-DES-ARCS, 53.

1852.

Système des Alpes occidentales. Le grand
cercle de comparaison provisoire du *Système
des Alpes occidentales* passe, comme les précédents, extrêmement près de Remda, en
Saxe. C'est donc encore parmi les cercles
du réseau, qui se croisent au centre du pentagone, qu'il est le plus naturel de chercher
son représentant.

Parmi ces cercles se trouve un auxiliaire
diamétral Dc, qui va du point D à un point *c*,
qui tombe dans la Sibérie orientale vers les
monts Aldan, non loin de la mer d'Okhosk.
Ce cercle fait, avec le grand cercle de comparaison du *Système du Ténare*, un angle
de 44° 16' 3'',65. D'après le tableau de la
page 852, l'angle formé par les grands cercles de comparaison des *Systèmes des Alpes
occidentales* et du *Ténare* est de 44° 3' 18''.
La différence est de 12' 45'',65, c'est-à-dire
très petite; et le sens dans lequel elle tombe
vient encore contribuer à la rendre tout à
fait négligeable. En effet, j'ai successivement indiqué pour le *Système des Alpes occidentales* deux grands cercles de comparaison différents : d'abord l'arc qui joint Marseille à Zurich, et ensuite celui qui joint
l'île de Riou à Hohentwiel, que j'ai cru
devoir préférer. Or l'arc Marseille-Zurich
s'écarte du méridien d'environ un degré de

*

plus que l'arc île de Riou-Hohentwiel ; et comme le *diamétral* Dc s'écarte du grand cercle de comparaison du *Système du Ténare*, et par suite du méridien de 12 à 13′ de plus que le dernier, on voit qu'il tombe entre les deux grands cercles de comparaison différents que j'ai successivement indiqués, mais beaucoup plus près du second que du premier.

Ce *diamétral* Dc s'adapte très heureusement aux accidents orographiques du sol de l'Europe et de l'Afrique. Il rase la pointe méridionale de la Nouvelle-Zemble, traverse l'île Kalguew dans la mer Glaciale, coupe la presqu'île située à l'E. de la mer Blanche, traverse le continent de la Finlande de son angle N.-E. à l'entrée de la mer Blanche, à son angle S.-O. sur la mer Baltique, au S.-E. d'Abo ; rase l'île de Gothland, entre dans les Alpes par le promontoire saillant du mont Pilate, les traverse entre le Mont-Blanc et le Mont-Rose, suit la ligne d'accidents stratigraphiques si remarquables de la vallée de la Durance, près de Manosque ; entre dans la Méditerranée près de Marseille, traverse l'île de Majorque presque exactement, suivant la ligne du cap Ferruch au cap Salinas ; entre en Afrique près du cap de Tenez, et laissant à l'est l'Ouanseris, traverse l'Algérie parallèlement à l'une des principales lignes d'accidents qui s'y dessinent dans une région qui porte fortement leur empreinte, pour finir par atteindre les montagnes qui séparent le bassin du Sénégal de celui du Niger. Il me paraît, d'après cela, très propre à représenter le *Système des Alpes occidentales.*

Ce cercle n'a qu'un poids assez faible, représenté par $5 (1 + 1 - 1) = 5$; et, de plus, il ne passe dans tout le pentagone européen par aucun autre point de croisement des cercles principaux que le point D. Cette circonstance le rend, en quelque sorte, comparable aux plans de *clivages difficiles* de la cristallographie, et peut-être est-elle en rapport avec un fait, qui m'a toujours frappé dans le *Système des Alpes occidentales :* c'est que les chaînons dont il se compose, quoique souvent très élevés, puisque le Mont-Blanc en fait partie, sont très inégaux et généralement très courts.

Système des îles de Corse et de Sardaigne. Le grand cercle de comparaison provisoire du *Système des îles de Corse et de Sardaigne* passe moins près de Remda que ceux des trois systèmes précédents, mais à une distance assez petite encore pour qu'il soit naturel de chercher au centre du pentagone le cercle du réseau qui doit le représenter.

Un *diamétral* D*b* , mené du point D à un point *b* qui tombe au bord septentrional du massif montueux d'Amboser au fond du golfe de Guinée, fait avec le grand cercle de comparaison du *Système du Ténare*, vers le sud, un angle de 13° 36′ 49″,77. D'après le tableau de la page 848, l'angle Ténare — Corse et Sardaigne, qui est tourné du même côté, est de 14° 38′ 18″. La différence est de 1° 1′ 28,″23.

Je crois pouvoir faire abstraction de cette différence; j'ai pris pour grand cercle de comparaison provisoire du *Système des îles de Corse et de Sardaigne* le méridien du cap Corse, parce que le trait frappant et caractéristique de l'ensemble de la structure des îles de Corse et de Sardaigne est leur parallélisme avec le méridien. Mais ce caractère n'a pas en lui-même assez de précision pour qu'il soit possible de dire si elles sont parallèles plutôt au méridien du cap Corse qu'à un méridien situé à environ un degré et demi plus à l'est, lequel donnerait exactement l'angle que nous venons de trouver.

Je regarde donc le *diamétral* D*b* comme représentant d'une manière satisfaisante la *direction du Système des îles de Corse et de Sardaigne*. Quant à l'installation orogra-

phique de ce cercle, elle est assez remarquable. Il rase au nord le Spitzberg, et son
prolongement au delà des glaces du pôle
entre dans l'océan Pacifique par le détroit
de Behring ; il rase la pointe des îles Loffoden, en laissant les petits îlots de Roest à
l'ouest, d'après ma carte et les cartes ordinaires, et à l'est, d'après la belle carte
géologique de la Norwége par M. Keilhau.
Plus au sud, il entre en Norwége à l'embouchure du Folden-Fiord ; rase le fond du
fiord de Throndhiem et la masse de roches
éruptives de Tydal ; rase à l'est la région des
roches éruptives du midi de la Norwége ;
traverse les îles danoises dans la partie où
la craie s'élève ; rase en Allemagne l'extrémité orientale du Hartz et du Thüringerwald ; traverse les dolomies de la Franconie,
et rase à l'ouest la région des porphyres et
des dolomies du Tyrol ; traverse la région
métallifère de la Toscane pour sortir de l'I-
talie en rasant la presqu'île du Mont-Ar-
gentero et l'île Gianidi ; rase en Afrique le
cap Bon, et *tronque* la région montueuse de
la Barbarie ; enfin, après avoir traversé le
Sahara, il suit pendant quelque temps la
côte orientale du golfe de Guinée. Nulle
part, pour ainsi dire, ce cercle ne tombe
sur le sol dans une position indifférente.

90*

Tout remarquable qu'il est, l'axe des îles
de Corse et de Sardaigne, prolongé au nord
et au sud, serait moins heureux dans ses
rencontres ; car le groupe des îles de Corse
et de Sardaigne se fait remarquer surtout
par son isolement et son indépendance au
milieu de tout ce qui l'entoure. Le *diamétral* D*b* élude cette difficulté avec une sorte
d'adresse qui, comme on l'a déjà vu plusieurs fois, est souvent l'apanage et le caractère des cercles du *réseau pentagonal*. Je
crois qu'il représente assez bien le *Système
des îles de Corse et de Sardaigne*. Le groupe
si remarquable de ces îles forme dans l'ensemble du système un chaînon parallèle au
grand cercle de comparaison, mais placé à
quelque distance de lui, genre de phénomènes dont l'étude a rempli une grande
partie de ce volume.

Ce diamétral D*b*, qui va passer par un
point T situé vers l'entrée méridionale du
détroit de Behring, est l'*homologue* des cercles auxiliaires que nous avons employés
pour représenter les *Système des ballons*
et du *Finistère*.

Système du nord de l'Angleterre. Après
avoir constaté l'installation géographique
remarquable du *diamétral* D*b* que nous
venons d'adopter pour représenter le *Sys-*

tème des îles de Corse et de Sardaigne, on
pourrait croire qu'il serait difficile d'en
trouver un autre également bien installé,
et faisant avec lui un angle assez petit pour
pouvoir représenter le *Système du nord de
l'Angleterre;* mais les pôles des cercles principaux du *réseau pentagonal*, et particulièrement les 12 points D, jouissent de propriétés stratigraphiques, et l'on pourrait
presque dire *stratégiques* tellement particulières, qu'un très grand nombre des cercles
qui y passent *prennent en enfilade*, et dans
leur sens propre, une foule de positions remarquables. Nous allons en voir immédiatement un exemple.

Ainsi que je l'ai déjà remarqué plus haut,
la direction du *Système du nord de l'Angleterre* n'est perpendiculaire que dans des limites assez larges à la direction du *Système
des Pays-Bas;* mais elle est presque rigoureusement perpendiculaire à celle du grand
cercle *primitif* H'''' DI'' (*Lands-end — Apscheron*). Il est par conséquent très naturel de
chercher le représentant du *Système du
nord de l'Angleterre* parmi les perpendiculaires de ce grand cercle *primitif* qui sont
nombreux dans le réseau, et qui ne laissent pour ainsi dire que l'embarras du
choix. Ainsi, au point de vue de la direction

seulement, on pourrait choisir l'*octaédrique*
qui dessine le *Lands-end* et la côte orientale
de l'Irlande, le *dodécaédrique pentagonal* Ha
qui passe au point *a* de la Norwége et au
point *a'''* entre Minorque et la Sardaigne,
le *diamétral dodécaédrique* DH qui va du
point D près de Remda à la pointe extrême
du Spitzberg, le *dodécaédrique rhomboïdal*
T'I qui va du point T' sur le Bug au point I,
près de la Nouvelle-Zemble. Mais l'*octaédrique* dont je viens de parler me paraît placé
trop à l'ouest pour un système dont nous
avons trouvé des traces non équivoques dans
le nord de la Russie, et le *dodécaédrique
rhomboïdal* du Bug trop à l'est pour un système qui joue un rôle important dans les
îles Britanniques. Je n'ai réellement hésité
qu'entre le *dodécaédrique pentagonal* qui
passe au point *a* de la Norwége, et le *diamétral dodécaédrique* qui passe à la pointe
N.-E. du Spitzberg ; je les ai fait graver
l'un et l'autre sur la carte pl. V.

Le *dodécaédrique pentagonal* qui passe
en *a* et en *a'''* est un cercle assez bien installé au point de vue géographique. Il
s'adapte à peu près à la direction de la côte
occidentale de la Norwége méridionale et à
ses accidents orographiques et stratigraphiques, tels qu'ils sont dessinés sur la belle

carte de M. Keilbau; à sa sortie du continent près de Marseille, il *tronque* les chaînes du Pilon du Roi et de la Sainte-Baume, à peu près comme le *diamétral Db* du *Système des îles de Corse et de Sardaigne* tronque les chaînes de la Barbarie; en traversant la Belgique et la France, il rencontre plusieurs positions géographiques remarquables. Ainsi, il suit la chaîne du colombier de Syssel, il passe dans les montagnes de la grande Chartreuse, et il rase le groupe de l'Obious; mais aucune de ces dernières circonstances ne le met en rapport direct avec le terrain houiller dont l'apparition du *Système du nord de l'Angleterre* a terminé la période.

Il en est autrement du *diamétral dodécaédrique* : celui-ci, tout aussi bien appuyé que le précédent sur les accidents orographiques, se rattache surtout à des accidents formés par des terrains anciens.

Il entre dans les terres d'Europe par la pointe N.-E. du Spitzberg, dont il dessine l'une des directions principales, et l'on sait que le Spitzberg est formé en entier par des roches anciennes dont les plus récentes sont des grès et calcaires à *Productus* que la plupart des paléontologistes rapportent à l'époque carbonifère.

Plus au sud il rase l'île Cbery, qui,
d'après M. Durocher, est formée aussi par
les grès et calcaires à *Productus*. Il coupe la
chaîne 'des îles Loffoden dans l'île granitique d'Hindoe, parallèlement au bord des
terrains schisteux, tel que M. Keilhau l'a
figuré, et traverse les terrains anciens de la
Scandinavie, parallèlement à l'une des directions que les lacs et les rivières y dessinent en passant à l'O. du lac Vener, et en
coupant le Gotha-Elf près' des cascades célèbres de Trœllhatta. En Allemagne, il
passe à l'extrémité orientale du Hartz et du
Thüringerwald ; il traverse les Alpes du Tyrol
dans la partie où les roches primitives y
occupent la plus grande largeur près du
mont Tonal. Il rase les masses granitiques
de l'île d'Elbe, qui, à la vérité, ont éprouvé
un soulèvement moderne ; et, après avoir
côtoyé un peu obliquement la côte orientale
de la Sardaigne, formée en grande partie de
roche scristallines et dévoniennes anciennes,
il rase à son extrémité S.-E. les pointes granitiques du cap Ferrato et des îles Serpenta-
ria, et pénètre en Afrique en rasant le cap
Blanc près de Bizerte, de même que le représentant des îles de Corse et de Sardaigne
rase le cap Bon, en sorte que le golfe de
Tunis est compris entre les deux cercles,

comme l'est au nord la masse principale du
Spitzberg.

Ce cercle est donc très bien jalonné, et il
l'est souvent par des masses de roches fort
anciennes, ce qui le met plus en rapport
que le précédent avec le terrain houiller.
Partant l'un et l'autre du point D près de
Remda, ces deux cercles, qui ne font entre
eux qu'un angle de 4 à 5 degrés, sont très
peu séparés l'un de l'autre en Allemagne,
et rasent à peu près l'un comme l'autre le
Hartz et le Thüringerwald ; mais ils se séparent sensiblement en approchant de l'Italie
et de la Scandinavie, et il est certainement
remarquable de voir que l'un est plus en
rapport avec les accidents fortement accen-
tués du monde actuel, l'autre avec les accidents moins sensibles à l'extérieur d'un
monde plus ancien, que le réseau pentagonal
fournit à point nommé ces deux cercles, et
que, d'après des directions imprimées depuis vingt ans, le premier se trouve échoir
en partage au *Système des îles de Corse et
de Sardaigne*, et le second au système plus
ancien du *nord de l'Angleterre*.

En adoptant le *diamétral* DH pour grand
cercle de comparaison du *Système du nord
de l'Angleterre*, on transporte ce grand cercle
de comparaison à une assez grande distance

à l'est de la position qui lui avait été provisoirement assignée en le faisant passer par le Yorkshire; mais par là on le place à des distances à peu près égales de la chaîne carbonifère du nord de l'Angleterre et de la longue ligne dessinée dans le nord de la Russie (p. 289) par le bord occidental du calcaire carbonifère.

Quant à la direction, par cela même que notre *diamétral dodécaédrique* est perpendiculaire au *primitif Lands-end—Apscheron*, il doit s'écarter de la direction du *Système du nord de l'Angleterre* d'une quantité beaucoup moins grande que celle dont j'ai admis implicitement que cette dernière pourrait être changée ultérieurement, lorsque j'ai remarqué (p. 360) qu'elle est déjà perpendiculaire à 4 ou 5 degrés près à celle du *Système des Pays-Bas*. En effet, d'après le tableau de la page 860, l'angle nord de l'Angleterre — Pays-Bas est de 85° 28′ 34″; mais comme le grand cercle de comparaison du *Système des Pays-Bas* aurait à être rapproché de la ligne E. O. de 4° 13′ 32″ pour coïncider avec le *primitif Lands-end—Apscheron*, il faudrait ajouter à peu près cette quantité (sauf l'excès sphérique d'un triangle que je crois inutile de calculer) à l'angle ci-dessus, pour avoir l'angle nord de l'An-

gleterre—*Lands-end-Apscheron* ; cet angle
serait par conséquent d'environ 89° 42′06″,
soit en nombres ronds 89° 40′, et il ne différerait de l'angle droit que de 20 minutes.
Notre *diamétral dodécaédrique*, qui est perpendiculaire au primitif *Lands-end—Apscheron*, s'écarte donc seulement d'environ
20 minutes vers l'ouest du nord, de la direction que nous avons assignée au grand cercle
de comparaison provisoire du *Système du
nord de l'Angleterre*. Je crois qu'il représente ce système d'une manière très satisfaisante.

Quatre autres *diamétraux dodécaédriques*
homologues du précédent partent comme lui
du point D. Aucun d'eux ne peut être employé comme représentant de l'un de nos
21 systèmes de montagnes *actuels* ; mais tous
les quatre sont jalonnés par les accidents
orographiques du sol de l'Europe, avec
une précision remarquable ; et c'est pour
cela que je les ai fait graver sur la carte
pl. V.

L'un d'eux passe dans la pointe la plus
avancée de l'Irlande vers le N.-O., Achil-
Head, rase la côte N. du Norfolk, rase au
S. la masse granitique de l'embouchure du
Danube que le représentant du *Système des
Ballons* rase au nord, et va suivre dans

toute sa longueur la grande vallée de la Mésopotamie et du golfe Persique.

Un autre, coupant la pointe nord du lac Aral, passe à Dresde, à Kreutznach, tout près du Binger-Loch, à Paris, à Belle-Isle, et rase dans les Açores les petites îles Formigas.

Un troisième passe près de Viborg, en Finlande, à Berlin, coupe dans le Jura la masse de la Dole et du Crest de la Neige, suit la côte d'Espagne du cap de Creux au cap de Gates, passe à l'île d'Alboran, rase à l'est dans l'Atlas l'extrémité orientale du groupe du Miltzin, et suit la direction générale de la côte d'Afrique jusqu'à l'embouchure de la Gambie.

Le quatrième, enfin, rase la pointe N.-E. de l'Islande, détache l'île d'Unst du reste du groupe des îles Shetland, trace dans la Méditerranée la ligne des îles Ioniennes, et marque en Afrique la limite orientale du plateau de Barka.

Pour revenir à nos grands cercles de comparaison, voilà 10 systèmes sur 21 dont les représentants se rencontrent parmi les cercles du réseau qui passent au centre du pentagone européen ; mais comme les auxiliaires *diamétraux* qui partent des autres centres de pentagones peuvent passer dans le voisinage de celui-ci, il arrive que nous trouvons encore un *diamétral* pour représentant du *Système du Forez*.

Système du Forez. Le *diamétral* Da, mené du centre du pentagone de l'Amérique russe au point a''' situé entre l'île de Minorque et la Sardaigne, fait, avec le *dodécaédrique rhomboïdal*, qui passe à l'Etna, un angle de 88° 28' 22'',74 tourné vers le N.-E. L'angle Forez — Alpes principales est, d'après le tableau de la page 847, de 87° 39' 22''; mais comme le grand cercle de comparaison du *Système des Alpes principales*, tel que je l'ai employé dans la construction des tableaux, s'éloigne de 7' 59'' du *dodécaédrique rhomboïdal* de l'Etna, l'angle du tableau doit être diminué d'environ 7' 59'' et réduit à 87° 31'23''. La différence avec l'angle théorique, qui est tourné dans le même sens, est de 0° 56' 59'',74. Si l'on se reporte à la manière dont a été déterminée l'orientation du *Système du Forez*, page 258, on verra que cette différence ne peut être regardée comme considérable.

Quant à l'installation géographique de ce cercle, elle est très simple et très convenable pour notre objet. Il passe dans le Forez, entre Roanne et la montagne de Pierre-Surhaute, rase le Morvan, passe dans le bas Boulonnais et au cap Gris-Nez , suit les côtes d'Angleterre dont il coupe tous les caps, à l'exception de la pointe du Cœthness qu'il ne fait que raser, et va raser plus loin encore l'archipel des îles Fœroe en suivant à peu près la direction suivant laquelle s'allongent les principales îles qui la composent. Du côté opposé, il entre dans la Méditerranée par l'embouchure du Rhône, et pénètre en Afrique en coupant les roches anciennes du Djebel-Guerbes, près du cap Filfela. Ce cercle, dans toutes les régions qu'il traverse, est bien en harmonie avec la disposition des roches anciennes, et il forme une des lignes géographiques de l'Europe. Il me paraît très propre à représenter le *Système du Forez*.

Cet auxiliaire *Ta* est l'homologue exact de ceux que nous avons employés pour représenter les systèmes des *Pays-Bas* et de la *Côte-d'Or* ; seulement il part d'un autre centre du pentagone. Sur 60 cercles de cette catégorie que renferme le *réseau pentagonal*, trois se trouvent figurer parmi les systèmes de montagnes de l'Europe occidentale seulement.

Système du Vercors. Le grand cercle de comparaison du *Système du Forez*, dont nous venons de nous occuper, est du nombre de ceux qui concourent à former, ainsi que je l'ai dit plus haut, un grand nombre de petits triangles aux environs de Marseille. Le grand cercle de comparaison du *Système du Vercors* y concourt également, et cela m'a porté à penser qu'il pourrait bien lui-même avoir son représentant parmi les cercles auxiliaires qui se croisent au point a''', entre Minorque et la Sardaigne.

En effet, le *trapézoédrique* Ta, mené d'un point T qui tombe dans le golfe de Guinée, au N.-N.-E. de Sainte-Hélène, au point a'' près de Minorque, fait, avec le grand cercle *primitif* qui passe en ce point, un angle de 11° 33′ 15″,76. Ce grand cercle *primitif* est celui que nous avons adopté pour représenter le *Système du Rhin*, mais en rapprochant du méridien, de 51′ 45″, l'orientation de ce dernier système. D'après le tableau p. 851, l'angle Rhin—Vercors est de 11° 19′ 15″; il différerait peu de celui que nous venons de trouver; mais comme il devrait être réduit de 51′ 45″ (*à peu près* seulement, à cause des excès sphériques), il ne doit être compté que pour environ 10° 37′ 30″. La différence avec l'angle théorique est donc d'environ 0° 55′ 45″,76. Notre *auxiliaire trapézoédrique* Ta s'écarte donc un peu plus du *Système du Rhin* et se rapproche un peu plus du méridien que le grand cercle de comparaison provisoire que j'ai adopté, et d'après lequel j'ai calculé les tableaux ; mais si l'on se reporte à la détermination de ce cercle, on verra, p. 582, que M. Gras a indiqué l'orientation N. 7 à 8° E., et que j'ai pris 8°. Si j'avais pris 7°, la différence que je viens de trouver serait de 4' à 5' seulement, et en sens inverse. Le cercle théorique tombe donc, quant à sa direction, dans les limites de l'incertitude des observations.

Quant à la position de ce cercle, elle est bonne aussi, car il traverse le Dauphiné et, en outre, son installation orographique est assez remarquable.

Il entre en France par les petites montagnes des environs d'Hyères, rase à l'est le massif des montagnes de l'Oisans, traverse le groupe du Mont-Blanc, passe dans le Jutland, suit la Norwége dans une grande partie de sa longueur, depuis Tousberg, à l'entrée du golfe de Christiania, jusqu'à l'île d'Hindoë située au point où les îles de Loffoden se détachent de la côte, en s'harmonisant aussi bien que les cercles qui représentent les systèmes des *îles de Corse et de Sardaigne* et du *nord de l'Angleterre*, avec les formes du sol et la disposition des masses de roches éruptives, puis il va raser le

Spitzberg à l'est comme le *Système des îles
de Corse et de Sardaigne* le rase à l'ouest;
du côté opposé, il pénètre en Afrique près
de Bougie, et son cours dans l'intérieur de
l'Algérie suit une ligne assez remarquablement occidentée.

Je crois donc que ce *trapézoédrique* Ta
peut être considéré comme le représentant
du *Système de Vercors*. C'est, du reste, un
des cercles les plus légers de notre réseau.
Son poids, dans notre manière de compter,
se réduit à $2(1+1-1)=2$.

Système de la Vendée. Le grand cercle de
comparaison *provisoire* que j'ai adopté
pour le *Système de la Vendée* passe à Vannes; mais, depuis surtout que M Durocher
a constaté l'existence de ce système en Norwége, cette position initiale arbitraire du
grand cercle de comparaison m'a paru suspecte d'être trop réculée vers l'ouest: j'ai
pensé que le représentant du *Système de la
Vendée* dans le *réseau pentagonal* pourrait
bien passer dans les parages du cap Creux,
terminaison orientale des masses de roches
primitives des Pyrénées. Je l'ai cherché d'a-
bord parmi les cercles du réseau qui se croisent au point a''' près de Minorque; mais je
n'en ai pas trouvé qui répondît d'une manière satisfaisante aux conditions de la ques-

tion. J'ai alors cherché parmi les trapézoédriques qui passent au point T'''', près des îles Hébrides, et c'est là que je crois l'avoir rencontré.

Le *trapézoédrique Tb*, mené du point T'''', près des Hébrides, à un point *b* du grand cercle de comparaison du *Système du Ténare*, situé au nord des îles Sandwich, coupe le *dodécaédrique rhomboïdal* de l'Etna sous un angle de 88° 11' 25'',65, ouvert au N.-O. D'après le tableau page 846, l'angle Vendée —Alpes principales, qui est de même tourné au N.-O, est de 88° 54' 35''; mais comme le grand cercle de comparaison provisoire que j'ai employé pour le *Système des Alpes principales* s'écarte du *dodécaédrique rhomboïdal* de l'Etna, de 7' 59'' vers le N. de l'O., l'angle déduit de l'observation doit être augmenté d'environ 7' 59'' pour s'appliquer au *dodécaédrique rhomboïdal*, ce qui le ramène à 89° 02' 34''. Il surpasse par conséquent l'angle théorique de 0° 51' 8'',35. M. Rivière, qui a fixé la direction du *Système de la Vendée*, s'étant borné à indiquer en termes généraux l'orientation N.-N-O., il est évident que cette différence de 51' ne sort pas des limites de l'incertitude que comporte cette désignation générale.

. Au point de vue géographique et géologique, le trapézoédrique Tb se trouve très bien installé sur la surface du globe. Il traverse l'Islande en passant au volcan de Snoefial. Il traverse les îles Britanniques, de l'île North-Uist à l'île de Purbeck, parallèlement à peu près à l'axe longitudinal de la Grande-Bretagne; il passe un peu à l'est du raz de Barfleur, et traverse la France en coupant les pointes du Bocage, de la Normandie et des Pyrénées orientales, entre dans la Méditerranée par le cap Saint-Sébastien, au sud du golfe de Rosas, *coupe* l'île de Minorque, et traverse tout le continent de l'Afrique parallèlement à plusieurs longues sections presque rectilignes dans leur ensemble des côtes qui s'étendent du golfe de Guinée au cap de Bonne-Espérance. Ce *trapézoédrique* est exactement perpendiculaire au *diamétral dodécaédrique* qui va de Viborg à Belle-Isle et aux petites îles Formigas. Malgré la faiblesse de son poids, qui n'est que de $2 \ (1+1-1) = 2$, il paraît jouer un rôle assez remarquable dans l'ordonnance générale des continents. Je crois qu'il est le véritable représentant du *Système de la Vendée.*

Système du Longmynd. Le grand cercle de comparaison provisoire que j'ai adopté pour le *Système du Longmynd* traverse obli-

quement la Suède et passe à peu de distance
des côtes septentrionales de la Finlande, sur
le golfe de Bothnie. C'était une indication
pour chercher son grand cercle de comparaison parmi les *trapézoédriques* qui passent au
point T de la Finlande.

Le *trapézoédrique* Ta, mené du point T
de la Finlande à un point a situé au N.-O.
de l'île de l'Ascension, fait, avec le *primitif*
DI$''''$ qui représente le système du Thüringerwald, un angle de 82° 26′ 37″,97. D'a-
près le tableau p. 853, l'angle Longmynd—
Thüringerwald est de 84° 28′ ; mais, eu
égard à la correction que nous avons eu à
faire subir au grand cercle de comparaison
du *Système du Thüringerwald*, pour le faire
coïncider avec le primitif DI$''''$, cet angle
doit être diminué de 1° 25′ 20″ environ, et
réduit à 83° 2′ 40″. Il diffère de l'angle
théorique de 0° 36′ 2″,03. Malgré le soin
que j'ai mis, au commencement de ce volume, à déterminer la direction du *Système du Longmynd*, j'ai annoncé, p. 130,
que je la croyais susceptible de rectifica-
tions ultérieures. Celle-ci serait loin de
dépasser mes prévisions, et le grand cercle
auquel elle se rapporte ne les dépasse pas
non plus sous le rapport de son éloignement
transversal du grand cercle de comparaison

provisoire, car il passe entre la Meuse et le Rhin, à une bien petite distance du Binger-Loch, vers l'ouest.

Ce cercle est en même temps assez bien assis au point de vue géographique et géologique. Il traverse la Finlande, la Suède et le Limousin, à peu près dans les régions où j'ai signalé stratigraphiquement l'existence du *Système du Longmynd*. Il coupe les Pyrénées dans leurs parties granitiques les plus élevées, près du port d'Oo, coupe ensuite la Sierra-Nevada du royaume de Grenade, en passant à peu près, sinon exactement, au Mulahacen ; enfin il passe dans le Maroc, aux environs de Fez, et suit les montagnes qui vont se rattacher à la chaîne principale de l'Atlas, un peu à l'est du Miltzin. L'élévation des Pyrénées, de la Sierra-Nevada et de l'Atlas est sans doute beaucoup plus récente que la formation du *Système du Longmynd;* mais comme les hautes cimes sont sujettes, de même que les volcans, à se placer dans les croisements, des rencontres telles que celles que je viens de signaler sont toujours propres à faire présumer que le cercle sur lequel elles s'observent représente un phénomène réel. Je crois donc que le trapézoédrique Ta, malgré la faiblesse de son poids, égal seulement à

2 $(1+1-1) = 2$, représente convenablement le *Système du Longmynd.*

Système du Hundsrück. Le grand cercle de comparaison provisoire du *Système du Westmoreland et du Hundsrück* passe à une petite distance au nord de Remda. C'était une indication pour chercher son représentant parmi les cercles qui passent au centre du pentagone ; mais je n'ai pu l'y trouver. Le grand cercle primitif DI''' fait, avec le grand cercle de comparaison du *Système du Ténare*, un angle de 72°. D'après le tableau de la page 855, l'angle Ténare—Hundsrück est de 74° 16' 39'' ; il diffère, par conséquent, de 2° 16' 39'', de celui que forment entre eux les deux cercles *primitifs* du réseau dont je viens de parler. Ayant mis du soin, dans le commencement de cet ouvrage, page 200, à déterminer l'orientation du *Système du Hundsrück*, j'ai cru peu probable que celle que j'ai trouvée diffère de la vérité de plus de 2° $\frac{2}{4}$, et j'ai cherché dans le réseau un autre cercle qui la représentât plus approximativement ; n'en ayant trouvé aucun parmi les auxiliaires *diamétraux*, j'ai cherché parmi les *trapézoédriques* qui passent au point T'', situé en Espagne, à l'O.-N.-O. de Burgos.

J'ai trouvé alors que le *trapézoédrique* Tc,

mené du point T'" de l'Espagne à un point *c*
situé hors du pentagone européen, au S.-E.
d'Omsk en Sibérie, fait avec le grand cercle
de comparaison du *Système du Ténare* un
angle de 75° 25′ 38″,27, angle qui ne diffère
plus de l'angle Ténare—Hundsrück du tableau que de 1° 8′ 59″,27. Cette différence
est à peu près moitié plus petite que la précédente ; cependant, comme elle est encore
assez notable, et comme le cercle auxiliaire
qui la donne a un poids égal seulement à
$2 (1 + 1 - 1) = 2$, j'ai d'abord hésité à préférer ce dernier au cercle *primitif* dont le
poids est de 462. Je ne m'y suis décidé que
par la considération des convenances particulières que présente la position géographique et géologique du trapézoédrique T*c*.

En effet, ce cercle, partant de la côte du
Portugal, près de Torrès-Vedras, traverse
d'abord une région de roches anciennes, et
passe ensuite près de Bilbao , sans présenter de rapports remarquables avec les roches
crétacées et nummulitiques de cette partie
des Pyrénées ; il traverse le Limousin et
le nord de l'Auvergne , puis le massif central des Vosges, le Fichtelgebirge, et il passe
un peu au sud de la crête de l'Ergebirge. Il
coupe ainsi des régions où les roches schisteu-
ses anciennes ont la direction du *Système du*

92

Hundsrück, en occupant à peu près le centre des parties du continent où elles se montrent , et de celles surtout où elles deviennent souvent cristallines , manière d'être qui semble devoir indiquer le milieu ou l'axe du système. Il me paraît mieux placé sous tous ces rapports que le *primitif*, qui va de Lisbonne à Remda. Les éruptions volcaniques de l'Auvergne et du Mittelgebirge semblent s'être adaptées à sa position plutôt qu'à celle du *primitif*. Il n'y a parité entre les deux, sous ce dernier rapport, que dans le groupe volcanique de Madère et de Porto-Santo , qui se trouve encadré entre les deux cercles d'une manière remarquable ; mais cet encadrement , tout en indiquant clairement l'influence du cercle *primitif*, indique aussi que le trapézoédrique a une *existence réelle ;* et s'il représente en Europe un système stratigraphique , ce ne peut être évidemment que celui du Hundsrück. Je crois donc devoir l'adopter comme représentant de ce système.

Système du mont Viso. Le grand cercle de comparaison *provisoire* du *Système du mont Viso* traverse la Méditerranée un peu à l'ouest de la Sicile, en coupant la pointe du cap Bon , et se prolonge ensuite dans le Sahara. Un *diagonal trapézoédrique* IT, dont le poids est de $(6+2)(1+1-1)=8$, mené du point I" près du lac Tsad, à un point T situé dans le nord de l'Amérique, au nord du lac de l'Esclave, représente ce grand cercle de comparaison avec une étonnante précision.

Ce *diagonal trapézoédrique* coupe le *dodécaédrique rhomboïdal* de l'Etna sous un angle de 82° 55′ 1″,12. Pour avoir l'angle qu'il fait avec le grand cercle que j'emploie provisoirement pour représenter le *Système des Alpes principales*, il faut, par les motifs déjà indiqués plus haut, diminuer cet angle de 7′ 59″, et le réduire à 82° 47′ 2″,12. Or, d'après le tableau de la page 854, l'angle mont Viso—Alpes principales est de 82° 52′ 34″. La différence est de 5′ 31″ 88, c'est-à-dire complétement négligeable.

Quant à la position de ce cercle auxiliaire, non seulement il coïncide presque avec le grand cercle de comparaison provisoire du *Système du mont Viso*, mais il s'appuie d'une manière très remarquable sur les accidents orographiques et géologiques du sol de l'Europe. Partant de l'extrémité orientale du lac Tsad, il rase le cap Bon et entre en Sardaigne, près du cap Ferrato. Il traverse cette île parallèlement à la vallée longitudinale qui s'étend obli-

quement dans sa longueur, en sort près
du cap Monte-Fava, et rase la côte occidentale de la Corse. Entrant sur le continent par les côtes accidentées de Nice,
il suit le versant piémontais des Alpes sur
lequel s'élève le mont Viso, traverse le massif du Mont-Blanc pour aboutir au lac de
Genève, traverse le département de la Haute-
Marne dans la partie où se montrent des failles
du *Système du mont Viso*, suit les côtes de la
Grande-Bretagne en coupant l'extrémité des
montagnes de l'Écosse dans les *Paps of Jura*,
rase à l'O. la base sous-marine des îles Fœroé,
suit ensuite exactement la côte orientale
de l'Islande dont il ne coupe que les caps,
et va gagner à travers le Groënland le fond
de la baie de Baffin. Ce cercle auxiliaire me
paraît représenter aussi bien que possible le
Système du mont Viso.

Système du Sancerrois. Le grand cercle
de comparaison provisoire que j'ai adopté
pour représenter le *Système de l'Erymanthe
et du Sancerrois* passe très près de Remda.
Cependant je n'ai pas cru devoir chercher
son représentant parmi les cercles du réseau
qui passent au centre du pentagone, parce
que le grand cercle de comparaison de ce
système me semble devoir être placé beaucoup plus au sud, les collines du Sancer-

rois , parfaitement décrites par M. Raulin , me paraissant ressembler beaucoup plus au bord qu'à l'axe central d'un *Système de montagnes.*

D'après cette considération , c'est parmi les cercles du réseau qui passent vers les bords de la Méditerranée, que j'ai cherché le grand cercle de comparaison du *Système du Sancerrois.*

Le *trapézoédrique* T*b* , mené du point T' sur le Bug au point *b'''* près de Porto-Santo, fait, avec le *primitif* DH'', un angle de 60° 48' 0'',98. Nous avons adopté ce cercle *primitif* pour représenter le *Système du Thüringerwald,* en faisant subir au grand cercle de comparaison de ce système un mouvement de 1° 25' 20''. D'après le tableau p. 856, l'angle Thüringerwald—Sancerrois est de 59° 7' 49''; mais pour le rendre comparable au précédent , il faut l'augmenter d'environ 1° 25' 20'', ce qui le porte à 60° 33' 9''; la différence avec l'angle théorique est de—0° 14' 51'',98, c'est-à-dire tout à fait négligeable.

L'installation géographique de ce cercle est assez remarquable. D'un côté, il va couper les petits golfes septentrionaux de la mer Caspienne, près de l'embouchure de la rivière Oural, et plus loin la pointe septen-

92*

trionale du lac Aral. Du côté opposé, il
coupe exactement de même la pointe septentrionale de la mer Adriatique, celle du golfe
de Gênes, ainsi que le golfe de Lyon; il suit
les côtes montueuses de la Méditerranée,
depuis les environs de Lucques jusqu'à
l'Èbre, en rasant les massifs de roches primitives des Maures et de la Catalogne. Après
avoir traversé l'Espagne presque par son
centre, il en sort tout près du cap Saint-
Vincent et va traverser l'île de Madère. Il
passe entre l'Érymanthe et le Sancerrois, et
quoique son poids soit égal à 2 seulement,
il me paraît représenter assez convenablement le *Système de l'Érymanthe et du Sancerrois.*

Système du Tatra. Le grand cercle de
comparaison *provisoire* que j'ai adopté pour
le *Système du Tatra* passe un peu au sud
de Remda; mais, de même que pour le
Sancerrois, il m'a semblé que je l'avais placé
trop au nord, et j'ai cherché son représentant parmi les grands cercles du réseau qui
passent, non au centre du pentagone, mais
plus au sud.

Un *trapézoédrique* T*b*, mené d'un point T
qui tombe dans l'océan Atlantique au N.-E.
de la Guadeloupe au point *b'''* dans le
Daghestan, fait avec le grand cercle de

comparaison du *Système du Ténare* un angle de 79° 5' 44'',21. D'après le tableau de la page 859, l'angle Tatra—Ténare est de 78° 49' 23''; la différence, qui est de 0° 16' 21'',21, est négligeable.

Au point de vue géographique et géologique, l'installation de ce cercle me paraît tout à fait remarquable et très conforme à ce qu'on peut attendre du représentant d'un système de montagnes qui a eu une grande influence sur le relief de l'Europe méridionale. Partant du point b''' dans le Daghestan, il traverse à l'est la mer Caspienne, et va rencontrer la côte asiatique de cette mer dans le golfe de Balkan, où il traverse les masses granitiques appelées le grand et le petit Balkan. Vers l'ouest, il suit le versant septentrional du Caucase et rase la masse montueuse de la Crimée; plus loin il coupe les montagnes de la Transylvanie et passe un peu au sud du Tatra. Dans les Alpes, il traverse juste la Carinthie et le Tyrol dans les parties où je disais, p. 491 (imprimées depuis deux ans), qu'*on pourrait être tenté de voir le type principal de ce système*. Il passe aussi en Suisse dans les parties où j'ai signalé l'existence du *Système du Tatra*, et traverse le Jura à une petite distance au sud de la chaîne si remarquable du Lomont, puis le reste de la France dans des contrées où son influence se dessine à grands traits, et en sort au milieu du groupe des îles de Rhé et d'Oléron. Dans l'océan Atlantique, il rencontre la chaîne des Açores, où il rase les pointes occidentales des îles de Saint-Georges et du Pic, en laissant au nord celle de Fayal. Il passe au N.-O. du pic des Açores, à une distance égale seulement à 3' 11",16 ou à 5920 mètres, un peu plus d'une lieue.

Pour être pointé juste du point b''' près de Derbend sur le pic des Açores, il faudrait qu'il eût une direction moins septentrionale que celle que le réseau lui assigne, de 0° 3' 49",31 seulement.

Une aussi faible *erreur de pointé* pourrait certainement être attribuée aux inexactitudes que ne peut manquer de présenter l'installation *provisoire* actuelle du *réseau pentagonal ;* mais comme le *dodécaédrique rhomboïdal de l'Etna* en présente une de *7' 49" en sens inverse* relativement au pic de Ténériffe, on serait peut-être plus fondé encore à penser que l'une et l'autre tiennent tout simplement aux légères irrégularités que présente encore l'écorce terrestre dans ce qu'elle a de plus régulier.

On conçoit que des faits de ce genre ne

peuvent être devinés *à priori;* ce sont des
choses qu'il faut *rencontrer* en explorant cu-
rieusement la matière. Ma petite carte à cet
égard peut être déjà de quelque secours, car
elle montre très approximativement ce que
je viens de dire, et elle m'a mis sur la voie
de faire le calcul dont on vient de voir le
résultat. On ne saurait croire que ce résultat
soit un *effet du hasard;* car, d'après ce que
j'ai eu occasion de montrer en suivant successivement jusqu'aux Açores et à Madère
différents cercles du réseau, on voit que le
tronçonnement de cette chaîne d'îles si remarquable est entièrement déterminé par
le passage des cercles du réseau qui partent
du continent européen.

Le poids du *trapézoédrique* T*b* est égal à
2 seulement; on voit par ce nouvel exemple
que les cercles les plus légers du *réseau pentagonal* jouent quelquefois, dans la structure
de l'écorce terrestre, un rôle tout aussi réel
et tout aussi important que les autres. Je
crois que le *Système du Tatra* ne saurait
être mieux représenté que par celui-ci.

Système du Morbihan. Je passe maintenant
aux systèmes de montagnes dont les grands
cercles de comparaison provisoire passent à
l'Etna ou dans son voisinage et dont il est
naturel de chercher les représentants parmi

les cercles de réseau qui passent au point T″, que nous avons placé à l'Etna.

Le grand cercle de comparaison provisoire du *Système du Morbihan* traverse la Méditerranée un peu au S.-O. de la pointe occidentale de la Sicile ; mais comme en faisant passer ce grand cercle de comparaison par Vannes, nous lui avons assigné une position très suspecte d'être placée trop au S.-O. pour un système dont nous avons vu qu'il existe des traces en Saxe et peut-être même dans la Russie méridionale, nous n'avons pas à craindre de le déplacer d'une manière inopportune en le faisant passer par la cime de l'Etna.

D'après le tableau de la page 843, l'angle Morbihan—Ténare est de 29° 27′ 52″. Le *diagonal trapézoédrique* IT, mené du point I″″ dans le détroit de Davis, au point T″ de l'Etna, fait, avec le grand cercle de comparaison du *Système du Ténare*, un angle de 28° 22′ 37″,55. La différence est de 1° 5′ 14″,45. Ici, comme dans le cas du *Système des îles de Corse et de Sardaigne*, je crois devoir n'attacher qu'une médiocre importance à une différence d'un degré et quelques minutes. J'ai déterminé, p. 137, l'orientation du *Système du Morbihan* d'après une seule ligne géographique , celle de l'île de

Noirmoutier à l'île d'Ouessant. Cette ligne est très bien jalonnée par les petites îles de la côte de Bretagne ; mais comme ces îles, quoique très petites, ne sont pas des points mathématiques, il n'est pas possible de répondre d'une manière absolue de l'orientation de la ligne, et le résultat de ma mesure peut bien être en erreur d'un degré. Il est même à remarquer qu'en transportant ce cercle à Vannes, j'aurais dû faire subir à l'expression de son orientation une certaine correction, si j'avais cru à cette époque devoir tenir compte d'une aussi petite quantité, et la correction serait venue en défalcation de l'angle Ténare—Morbihan, et par suite en déduction de la différence 1° 5′ 14″,45, qui, en elle-même, n'est pas déjà bien considérable.

Au point de vue géographique et géologique, le diagonal IT est très bien appuyé sur les accidents du sol de l'Europe. Il sort du détroit de Davis, en passant dans un des canaux qui découpent la pointe méridionale du Groënland, et rase dans l'Océan la pointe méridionale de la plate-forme sous-marine sur laquelle s'élève l'îlot de Rockall. Il passe à peu de chose près à l'un des angles de la plate-forme sous-marine qui supporte les îles Britanniques. Il entre en

Irlande, à très peu près , par la masse granitique de Davros-Head , et il en sort , à
très peu près aussi, par la masse granitique
de la pointe de Carsnore. Il rase les pointes
extrêmes du Pembrokeshire et entre en Devonshire, à très peu près par sa pointe N.-O.,
près d'Ilfracombe, rase dans la Manche l'Ile
de Portland et la pointe de Barfleur , rase ,
en traversant la France, la pointe méridionale du Morvan et la masse granitique de
la Verpilière (Isère) , traverse les montagnes de l'Oisans, sort du continent par
les anfractuosités de la côte de Nice, coupe
la partie N.-E. de la Corse en passant près
de la terminaison des masses primitives ,
à l'ouest de l'entrée du golfe de Saint-Flò-
rent , rase l'extrémité occidentale des îles
de Lipari , dont il sépare au loin la petite
île d'Ustica, détache l'angle N.-E. de la Sicile
où se trouve le petit groupe de roches primitives de Messine, pénètre en Afrique le long
du bord S.-O. du massif montagneux de
Barka, et va raser en Nubie l'un des grands
contours du Nil. Plusieurs de ces accidents
sont d'une date beaucoup plus récente que
le *Système du Morbihan*; mais, ainsi que je
l'ai déjà remarqué plusieurs fois, ces sortes
de rencontre résultent de la tendance qu'ont
toujours eue les masses éruptives à se mon-

trer aux points de croisement des cercles du
réseau pentagonal, d'où il résulte qu'un
accident très moderne'peut être un excellent
jalon pour un système très ancien.

· C'est sur ce cercle, appuyé sur tant de
repères géographiques et géologiques, que
l'Etna s'est élevé plus tard, comme le *volcan
de Snofiall* en Islande, sur le cercle qui représente le *Système de la Vendée*, et le *pic des
Açores* sur celui qui représente le *Système
de Tatra.*

Ce *diamétral trapézoédrique*, dont le poids
est $(6+2)(1+1-1) = 8$, me paraît donc
représenter très heureusement le *Système
du Morbihan.*

Système des Pyrénées. Le grand cercle de
comparaison *provisoire* du *Système des Pyrénées* passe tellement près de l'Etna, qu'il
était impossible de ne pas chercher de prime
abord son représentant parmi les grands
cercles du réseau qui passent au point T''.
L'*octaédrique* $T''H''''$ fait, avec le grand cercle de comparaison du *Système du Ténare*,
un angle de 54° 44′ 8″,19. D'après le tableau de la page 841, l'angle Pyrénées—
Ténare est de 52° 10′ 17″ : la différence est
de 2° 31′ 51″,19 ; elle est, par conséquent, assez considérable, et il semblerait,
au premier abord, qu'elle devrait engager

93

à chercher un autre représentant pour le *Système des Pyrénées*.

Mais l'orientation O. 18° N., que j'ai conservée jusqu'à présent pour le *Système des Pyrénées*, est encore celle que j'ai adoptée dans l'origine, à une époque où l'expérience ne m'avait pas encore appris que 2 ou 3 degrés de plus ou de moins dans l'expression de l'orientation d'un système de montagnes ne sont pas une quantité sans importance. A cette même époque, j'ai figuré la direction du principal chaînon pyrénéen des Apennins, sur la petite carte insérée, en 1830, dans les *Annales des sciences naturelles*, t. XIX, par une ligne qui, sous le méridien de Parme, court à l'O. 20° N., ce qui, eu égard à une différence de longitude de plus de 8 degrés, supposerait dans les Pyrénées une orientation moins éloignée de la ligne E.-O. de 5 à 6 degrés ; de sorte que la moyenne de ces deux orientations serait à peu près celle de l'*octaédrique*. L'orientation O. 18° N., transportée à Corinthe, devient à peu près O. 32° N. ou N. 58° O., et, comme je l'ai rappelé p. 436, MM. Boblaye et Virlet ont trouvé, pour celui de leurs systèmes qui correspond aux Pyrénées, une orientation N. 59° à 60° O., plus éloignée du méridien et plus rapprochée de la ligne E.-O. de 1° à 2° que

la mienne. M. Renou, dans son grand travail
sur la géologie de l'Algérie, a trouvé de
même que les chaînons pyrénéens du nord
de l'Afrique ont une direction conforme à
celle des Pyrénées, en supposant que, dans
les Pyrénées mêmes, celle-ci soit O. 16° N.,
et non O. 18° N. Ainsi l'*octaédrique*, en
me donnant une direction plus rapprochée
de la ligne E.-O. que mon indication originaire, ne fait que confirmer les avis que
m'ont déjà donnés d'habiles géologues qui
ont eu à explorer des chaînons pyrénéens
très étendus et très bien caractérisés. D'après
ces résultats, et d'après ce que je viens de
dire sur les Apennins, il est très probable
que si je faisais le travail nécessaire pour
prendre convenablement la moyenne de
toutes les directions pyrénéennes connues
par la méthode que j'ai indiquée dans cet
ouvrage, je trouverais un angle Pyrénées—
Ténare très peu différent de 54° 44′ 8″,19.

Je crois, d'après cela, que, sous le rapport
de l'orientation, l'octaédrique $T''H''''$ convient très bien pour représenter le *Système
des Pyrénées*.

Il ne convient pas moins bien sous le rapport de sa position. Entrant en Espagne par
le cap Villano, qui en forme l'angle O.-N.-O.,
il suit jusqu'à Barcelone le pied de la chaîne

des Pyrénées. Il traverse le midi de la Sardaigne, dont il sort par le golfe, au nord duquel le cap Ferrato se projette vers l'est ; il entre en Sicile, en rasant, près de Palerme, le mont Pellegrino. En Egypte, il marque le bord des terres basses du Delta, et traverse, près du Caire, le Djebel-el-Mokattan. Plus loin, il passe à très peu près, sinon exactement, par la cime du mont Sinaï, et s'étend dans les déserts de l'Arabie, parallèlement à la grande vallée de la Mésopotamie et du golfe Persique, pour aller raser ensuite la pointe de l'île Soccotora.

Dans l'océan Atlantique, il croise le représentant du *Système des Pays-Bas* dans la région de la carte de l'*Hydrographical-office;* indique le plus d'écueils et de bas-fonds. Il rase ensuite en Amérique la pointe de la Floride, la côte N.-O. de l'île de Cuba, et traverse, suivant sa longueur, la presqu'île d'Yucatan.

Ce cercle occupe le milieu de la zone des accidents pyrénéens qui s'étend depuis le pied nord du Hortz jusque dans le désert de Sahara ; son poids est de 692, et c'est un des cercles dont l'influence sur le sol de l'Europe et de l'Afrique est le plus fortement dessinée. On ne pourrait, je crois, trouver pour le *Système des Pyrénées* un meilleur représentant. Je conserverai dans le tableau qui suivra la différence d'orientation 2° 31' 51'',19 ; mais on a vu qu'elle n'est réellement que nominale.

Axe volcanique de la Méditerranée. L'arc du grand cercle qui joint la cime de l'Etna à celle du pic de Ténériffe est orienté à la cime de l'Etna, ainsi que je l'ai déjà dit, d'après le calcul de M. Renou vers l'O., 10° 21' 45''S. Il fait un angle de 7' 59'' avec le *dodécaédrique rhomboïdal* T'' I''' qui est orienté au même point vers l'O., 10° 29' 44''. En négligeant cette légère différence, on peut remplacer le grand cercle Etna—Ténériffe par le *dodécaédrique rhomboïdal* qui, à la vérité, ne passe pas par la cime du pic, mais qui traverse du moins les flancs du cratère de soulèvement qui l'entoure. Si l'on examine sur la carte, planche V, comment les volcans de la bande méditerranéenne, le pic de Ténériffe, l'Etna, Vulcano, Stromboli, le Vésuve, Santorin, le mont Argée, l'Ararat et le pic de Demavend sont placés le long de ce *dodécaédrique rhomboïdal*, on verra qu'il représente de la manière la plus exacte l'*axe volcanique de la Méditerranée.*

Vulcano, Stromboli, le Vésuve peuvent aussi être considérés de même que le Beerenberg, le mont Saint-Élie, le Mouna-

Roa et les autres volcans de l'île Owhahy, et le mont Érèbe dans l'hémisphère austral, comme rangés le long du grand cercle de comparaison du *Système du Ténare* qui forme l'axe de cette seconde bande volcanique. L'Etna appartient aux deux bandes et marque leur point de réunion. L'une et l'autre sont perpendiculaires à la grande traînée volcanique des Andes et du Japon. Ces trois séries de volcans jalonnent sur la surface du globe un système tri-rectangulaire.

Plus je réfléchis à la question que j'ai indiquée p. 772, celle de savoir si le système volcanique du Ténare est contemporain de celui des Andes, plus je suis porté à croire qu'ils sont en effet contemporains, et même que la bande volcanique méditerranéenne est encore du même âge.

Réduite à elle-même et dégagée du *Système de la chaîne principale des Alpes*, la bande volcanique de la Méditerranée possède une activité égale à celle de la bande du Ténare, et ce n'est peut-être qu'en raison du plus petit nombre de leurs volcans que l'une et l'autre paraissent moins actives que la grande bande des Andes dont elles sont des appendices; de sorte que les raisons que j'ai données page 772 pour voir dans ces trois bandes trois âges volcaniques différents me paraissent, en dernière analyse, n'avoir que peu de valeur. On aurait là un système volcanique tri-rectangulaire dont tous les cônes volcaniques auraient surgi en même temps. Suivant ma manière de voir, ainsi que je l'ai expliqué plusieurs fois dans le cours de ce volume, cette idée n'a rien de contraire au *principe des directions* qui se trouve observé le long de chacun des trois grands cercles perpendiculaires entre eux.

L'*axe volcanique de la Méditerranée*, quoique formant un système bien distinct par sa direction, ne marquerait pas alors une époque géologique distincte, et il ne pourrait représenter le *Système de la chaîne principale des Alpes*, qui est antérieure au *Système du Ténare* et à tout le système volcanique tri-rectangulaire dont je viens de parler.

Je crois, par conséquent, que j'ai eu tort de prendre l'arc Etna—Ténériffe pour grand cercle de comparaison du *Système des Alpes principales* et de l'employer *sous ce nom* dans la construction de mes tableaux; ce devrait être l'objet d'un *errata* qui s'appliquerait à tous les usages que j'en ai faits depuis la page 766. Du reste, ce ne serait qu'un nom à substituer à un autre, celui d'*axe volcanique* à la place de celui d'*Alpes principales*.

M. Renou, en faisant sentir à bien juste titre, suivant moi, l'importance de l'arc Etna—Ténériffe, n'a pas commis la même faute; elle n'appartient qu'à moi seul.

Pour la réparer, il me suffit de reprendre le grand cercle de comparaison dont je me suis uniquement servi dans l'article consacré directement au *Système des Alpes principales* (p. 562 à 586); je l'avais abandonné à cause des avantages remarquables que m'avait paru présenter en lui-même le grand cercle Etna-Ténériffe. Mais maintenant que je viens de trouver à ce dernier un emploi non moins important et qui me paraît infiniment plus naturel, je dois reprendre le premier pour les *Alpes principales*.

Système des Alpes principales. J'ai adopté (p. 576) pour grand cercle de comparaison provisoire du *Système de la chaîne principale des Alpes* un grand cercle qui part d'un point M, situé dans la Méditerranée, à douze lieues environ au nord de Minorque, par lat. 40° 31' 38" N., long. 1° 52' 16" E. de Paris, et orienté en ce point vers l'E., 16° 25' 17" N.

Le point *a'''* du réseau tombe lui-même dans la Méditerranée, près de Minorque,

par lat. 40° 39'14'',55, long. 3° 23'4'',36 E.
de Paris, par conséquent à environ 1°½ à
l'E. du point M et presque sous la même
latitude.

De là, il résulte que le grand cercle de
comparaison provisoire, partant du point M
avec l'orientation E. 16° 25' 17'' N., passe
au nord du point a'''. Il coupe le méridien
du point a''' par 40° 51' 30'' de lat. N.,
c'est-à-dire à 0° 12' 15'',45 au nord de a''',
distance très petite et négligeable pour notre
objet. Au point où il coupe le méridien du
point a''', il est orienté vers l'E., 15° 25'
25'',31 N. Si donc parmi les cercles auxiliaires du réseau qui passent en a''' nous en
trouvons un qui ait à peu près cette orientation, il pourra représenter le *Système de
la chaîne principale des Alpes*. Le point de
départ M a été pris à des distances égales
du Mont-Blanc et d'un certain point I de
l'Algérie. Ce choix, qui paraît satisfaire à
beaucoup de convenance, était cependant
arbitraire, ainsi que je l'ai remarqué p. 648,
et permettait un déplacement ultérieur. Si
l'on fait partir le grand cercle de comparaison du point a''', le déplacement sera
très petit, et par conséquent les convenances
générales qui ont fait choisir le point a''',
continueront à être observées.

Or, du point a''' part un *dodécaédrique pentagonal* Ha qui passe en même temps au point a'' (en Turquie), ainsi qu'aux points b''' (près de Porto-Santo) et b' (près de Derbend), et qui en a''' fait avec le grand cercle primitif DH''' un angle de 54° 29' 12'',02. Comme le primitif est orienté au point a''', d'après le tableau p. 1041, vers le N. 18° 52' 45'',83 E., l'auxiliaire Ha est lui-même orienté en ce point vers le N. 73° 21' 57'',85 E., ou, ce qui revient au même, vers l'E. 16° 38' 2'',15 N. Il s'écarte par conséquent de l'orientation du grand cercle de comparaison provisoire de 1° 12' 36'',84. Cette différence serait de moins d'un degré, ainsi qu'on peut le voir pages 573 à 576, si je m'en étais rapporté uniquement aux observations faites en Afrique par M. Renou; elle s'élèverait à 1° ½ si je m'en étais tenu à l'ensemble des observations et des tâtonnements graphiques par lesquels j'ai cherché depuis longtemps à déterminer la direction du *Système de la chaîne principale des Alpes.* D'un autre côté, j'avais indiqué plus anciennement encore, pour représenter ce même système, ainsi que je l'ai rappelé p. 647, un grand cercle mené du milieu de l'empire du Maroc au nord de l'empire des Birmans, et les observations de M. Newbold

m'ont ramené à considérer de nouveau ce
cercle qui, sous le méridien du point a''',
déclinerait vers le N. de l'E. d'environ 1° 20'
de plus que le *dodécaédrique pentagonal* Ha
On voit donc que ce dernier cercle est compris, quant à son orientation, dans les limites entre lequelles j'ai été conduit à
osciller dans les tâtonnements successifs auxquels j'ai dû me livrer; et j'hésite d'autant
moins à l'adopter comme représentant du
Système des Alpes principales, que la disposition de ce cercle auxiliaire sur la surface
du globe me paraît répondre parfaitement
à toutes les convenances que doit présenter
le grand cercle de comparaison de ce système.

Passant au point a'' dans la Turquie
d'Europe, il suit à très peu de distance
le pied nord de la chaîne du Balkan; et
passant au point b' près de Derbend, il
passe dans la chaîne centrale du Caucase,
au lieu d'en suivre le pied méridional, comme
faisait le grand cercle de comparaison *provisoire*, et, par la même raison, il passe au
milieu des cimes neigeuses de l'Himalaya,
au lieu d'en côtoyer le pied méridional. En
Espagne, il côtoie de moins près la Sierra-
Morena; mais il suit, entre elle et la Sierra-
Nevada, la Grande vallée du Guadalquivir.

Je disais, il y a deux ans, p. 582 et 583, en jetant sur toutes ces chaînes un coup d'œil général : « Il résulte des données même con-
» signées ci-dessus, qu'un grand cercle pas-
» sant par la cime du Dhawalagiri et par la
» cime du Kasbek ou du Pasinta, aboutirait
» à peu de distance du cap Saint-Vincent,
» extrémité des montagnes des Algarves et
» *pointe S.-O. de l'Europe.* On déterminerait
» aisément un grand cercle qui passerait à
» moins de 25 kilomètres (5 à 6 lieues) des
» cimes du Dhawalagiri et du Kasbek et du
» cap Saint-Vincent, et ce grand cercle
» ne différerait du grand cercle de com-
» paraison que le calcul nous a donné
» que d'une quantité insignifiante, et dont
» il est presque toujours impossible de ré-
» pondre dans une détermination de ce genre.
» Tous les accidents stratigraphiques et oro-
» graphiques que nous avons rapportés au
» *Système de la chaîne principale des Alpes*
» s'y rattacheraient avec une exactitude et
» une symétrie étonnantes, bien propres à
» montrer que le hasard n'a pas seul présidé
» à la distribution des chaînes de montagnes
» sur la surface du globe.
» Peut-être, disais-je encore, sera-t-on
» conduit un jour à prendre ce grand cercle
» si remarquablement jalonné, pour *grand*

» cercle de comparaison de la chaîne princi-
» pale des Alpes.... » Le réseau pentagonal
a, pour ainsi dire, réalisé de lui-même la
conjecture que je formais il y a deux ans ;
car le dodécaédrique pentagonal Hba, qu'il
nous a fourni, est compris dans la faible limite d'incertitude laissée par le passage que
j'ai cru devoir reproduire textuellement, à
cause de la singularité de cette coïncidence.

Le dodécaédrique pentagonal Hba, passant
à deux points a et à deux points b, est un
des auxiliaires le plus symétriquement placés que présente le réseau. Son poids est
exprimé par $8 (2+2-1) = 24$.

Si l'on examine sa position dans la Méditerranée, on verra qu'outre les circonstances
générales que j'ai déjà signalées, il s'adapte
avec une grande précision aux accidents
de cette mer et de ses côtes. D'une part,
il passe dans les collines de la partie septentrionale de Minorque, et il suit l'axe de
la chaîne de montagnes qui forme la côte
septentrionale de Majorque, pour aborder
l'Espagne par le massif du cap San-Antonio,
suivre ensuite, comme je l'ai déjà dit, la
vallée du Guadalquivir, et aller raser les
îles de Porto-Santo et de Madère ; du côté
opposé il coupe l'île d'Asinara, passe aux
bouches de Bonifacio qui tronçonnent le

94

groupe des îles de Corse et de Sardaigne,
puis dans le groupe des sept collines de
Rome, et traverse la mer Adriatique sur la
crête du barrage sous-marin couronné par
les petits îlots de Pelagosa , qui la divise en
deux biefs presque distincts.

En soi-même il est remarquable que les
divers accidents orographiques que je viens
de citer soient placés en ligne droite, c'est-
à-dire de manière à être traversés par un
arc de grand cercle. Il ne l'est pas moins
que cet arc fasse partie d'un arc plus étendu
qui s'adapte au cours du Balkan, du Caucase et de l'Himalaya. Enfin , il est plus
étonnant encore que cet arc soit donné, à
point nommé, en direction et en position,
par le *réseau pentagonal*.

Si le *réseau pentagonal* n'était pas l'expression d'une loi naturelle, il y aurait une
bien étrange *conspiration des causes for-
tuites* en faveur d'un cercle *prédit d'avance*
et retrouvé dans un réseau théorique dont
l'installation ne dépend que des positions
de l'Etna et du Mouna-Roa.

Le *dodécaédrique pentagonal* Hba est perpendiculaire au cercle *primitif* T"D qui représente le *Système du Ténare ;* par conséquent il est parallèle, dans le sens que nous
attachons à ce mot, au *dodécaédrique rhom-*

boïdal qui représente l'*axe volcanique* de la
Méditerranée. Nous avons donc là un exemple d'un fait qui ne s'était pas encore présenté à nous, celui de deux systèmes d'âges
peu différents qui sont parallèles entre eux, et
qui sont peu éloignés l'un de l'autre ; car l'arc
qui mesure leur distance sur le grand cercle
de comparaison du *Système du Ténare* est
seulement de 4° 29' 57",46. C'est une exception au *principe des directions*. Il est vrai
que les deux systèmes sont de natures très
différentes : un *Système de montagnes ordinaire* et une *file de volcans*. J'ai déjà fait remarquer, p. 763, combien le *Système des
Andes*, auquel se rattache l'*axe volcanique
de la Méditerranée*, est exceptionnel à plusieurs égards.

Je regrette que la confusion que j'ai faite
pendant quelque temps, de deux systèmes
parallèles et voisins, subsiste dans une partie
de mon ouvrage de la p. 767 à la p. 1109 ;
mais cette confusion même, dont je n'ai été
averti que par l'application du *réseau pentagonal*, ne sera peut-être pas sans intérêt ni sans instruction pour le lecteur attentif.

Oural. J'ai indiqué, p. 656, que le grand
cercle de comparaison du *Système de la Côte-
d'Or* est, à très peu près, perpendiculaire au

Système presque méridien de l'Oural. L'un
des angles, formé par les deux directions,
est légèrement aigu, l'autre légèrement obtus, et ce dernier est ouvert du côté du
N.-E. Le réseau pentagonal réalise de lui-
même cette combinaison. Un *diagonal tra-*
pézoédrique IT, homologue de celui qui nous
a fourni le représentant du *Système du mont*
Viso, étant mené du point I' de la Perse vers
un point T situé au S.-O. de la terre de
Kerguelen, et prolongé vers le nord, suit
très sensiblement la crête de l'*Oural*, ainsi
qu'on peut le voir sur la petite carte pl. V,
où ce cercle est tracé. Il est dirigé presque
du S. au N.; cependant il dévie légèrement
vers l'E. du nord, comme le fait celui des
systèmes stratigraphiques de l'Oural, qui se
rapproche le plus du méridien. Ce cercle,
partant du point I' où il fait avec le *primitif*
l'I un angle de 7°45'40",48, et le cercle auxiliaire, qui représente le *Système de la Côte-*
d'Or, partant du point D, centre du pentagone sous un angle déterminé déjà indiqué
plus haut, il est facile de calculer que les
deux cercles se coupent sous un angle de
91° 25' 23",66, qui est ouvert vers le N.-E.
Nous retrouvons donc l'angle légèrement obtus au N.-E. dont j'ai parlé précédemment.

En récapitulant la série d'opérations que

Je viens d'indiquer sommairement, on verra que nous avons trouvé, soit dans les grands cercles principaux, soit dans les grands cercles auxiliaires du *réseau pentagonal* des représentants de nos 21 systèmes de montagnes européens, et en outre ceux de l'*axe volcanique de la Méditerranée* et du *Système méridien de l'Oural*. Je puis ajouter que le *dodécaédrique régulier* H''' H'''' représente évidemment le système dont les *Açores* font partie, et qui, comme nous l'avons vu page 1032, se dessine aussi dans l'île d'Anticosti. Ce système joue un rôle assez important dans l'Amérique septentrionale, et le *dodécaédrique régulier* H''' H'''' sort de ce continent par un point remarquable. Il coupe le méridien de San-Francisco (lat. 37° 40′ 30″ N., long, 124° 48′ 26″ O. de Paris) par latitude 38° 21′ 13″,17, c'est-à-dire à 0° 32′ 17″,43 au nord de San-Francisco, avec l'orientation S. 54° 18′ 19″,22 O. La perpendiculaire abaissée sur lui du fort de San-Francisco a une longueur de 0° 26′ 35″,36, c'est-à-dire de 49,242 mètres, ou de 10 lieues environ; il rase l'extrémité septentrionale du vaste port ou golfe de San-Francisco; et il entre dans l'océan Pacifique par la pointe de *Los Reys*, à très peu de chose près, en coupant le

94*

promontoire qui ferme au nord l'entrée de
la rade.

Cela fait en tout 24 systèmes de montagnes, dont nous avons trouvé des représentants parmi les grands cercles du *réseau
pentagonal*. L'orientation des *grands cercles
de comparaison provisoires* s'est constamment
trouvée représentée avec une déviation comprise dans les limites d'incertitude des déter-
minations originaires dont j'ai constamment
indiqué qu'on ne pouvait répondre qu'à 2 ou
3 degrés près. J'ai même fait voir que, dans
les cas où la différence de l'orientation dé-
passait 2 degrés, cette différence était plutôt nominale que réelle. Les *grands cercles
de comparaison provisoires* ont subi aussi,
pour la plupart, un certain déplacement
transversal dans des limites également ad-
missibles et le plus souvent très étroites.

Je crois devoir présenter ici le tableau
récapitulatif des 24 *Systèmes de montagnes*
que nous avons représentés par des cercles
pris dans le *réseau pentagonal* en y joignant
la désignation des catégories des cercles auxquelles ces représentants sont empruntés,
celle des poids de ces cercles, et celle des
différences d'orientation entre chaque cercle
du réseau et le grand cercle de comparaison
provisoire qu'il se trouve appelé à remplacer.

TABLEAU RÉCAPITULATIF des 24 systèmes de montagnes ... [et des grands cercles sphériques et du système de cercles du dodécaèdre] pentagonal qui les représentent.

SYSTÈME DE MONTAGNES.	CERCLES qui les représentent.	Notation.	Poids.	DIFFÉRENCE d'orientation.		
1. Ténare	Grand cercle primitif	»	462	0°	0′	0″
2. Thüringerwald	Id.	»	Id.	+1	25	20
3. Rhin	Id.	»	Id.	—0	51	43
4. Pyrénées		»	612	—2	51	51″,19
5. Açores		»	560	»	»	»
6. Axe volcanique	Octaédrique	Hba	110	—0	7	59
7. Alpes principales	Dodécaédrique régulier	DTb	24	—1	12	56
8. Ballons	Dodécaédrique rhomboïdal	Id.	14	—0	47	16
9. Finistère	Dodécaédrique pentagonal	Id.	Id.	+0	55	50
10. Corse et Sardaigne	Diamétral trapézoédrique	DJI	Id.	—1	1	28
11. Nord de l'Angleterre	Homologue du précédent	IT	13	—0	20	00
12. Mont Viso	Homologue du précédent	Id.	8	—0	5	51
13. Oural	Diamétral dodécaédrique	IT	Id.	+1	5	45
14. Morbihan	Diagonal trapézoédrique	Da	5	—2	25	54
15. Pays-Bas	Diamétral	Id.	Id.	—2	28	54
16. Côte-d'Or	Homologue du précédent	Id.	Id.	—0	56	74
17. Forez	Homologue du précédent	Dc	5	+0	12	65
18. Alpes occidentales	Diamétral	Ta	2	—0	55	96
19. Vercors	Trapézoédrique	Ta	2	—0	56	05
20. Longmynd	Trapézoédrique	Tb	2	—0	51	55
21. Vendée	Trapézoédrique	Id.	Id.	—0	16	21
22. Tatra	Homologue du précédent	Tb	2	—0	14	51
23. Sancerrois	Trapézoédrique	Tc	2	+8	59	88
24. Hundsrück	Trapézoédrique					27

J'ai affecté les différences du signe $+$ lorsque le représentant, comparé au cercle qu'il remplace, s'en écarte vers l'est du nord, et du signe $-$ dans le cas contraire. La somme des différences positives est $+$ 5° 18′ 09″,63 ; celle des différences négatives $-$ 15° 55′ 10″,25 ; la somme totale des différences, abstraction faite du signe, est 21° 13′ 19″,88 ; et leur moyenne est 1° 0′ 38″,06.

J'avais supposé (p. 866) que parmi les parallèles aux 21 grands cercles de comparaison des systèmes de montagnes européennes menés par Milford, il pouvait s'en trouver une affectée d'une erreur de 4 degrés, deux d'erreurs de 3 degrés, trois d'erreurs de $1°\frac{1}{2}$, quatre d'erreurs de 1 degré, six d'erreurs de un demi-degré et deux d'erreurs nulles. Dans cette *supposition*, la somme totale des erreurs aurait été égale à $1.4 + 2.3 + 3.2 + 3.1\frac{1}{2} + 4.1 + 6.\frac{1}{2} + 2.0 = 27°\frac{1}{2}$, et la moyenne de 1° 18′ environ. On voit que nous avons trouvé une somme et une moyenne d'erreurs moindres que celles sur lesquelles nous avions spéculé à l'avance. Il est vrai que, pour l'exactitude du raisonnement de la page 866, j'avais dû chercher à exagérer les erreurs probables plutôt qu'à les diminuer; ainsi le résultat coïncide à peu près avec mes prévisions.

Il est à remarquer que dans le tableau le nombre des différences affectées du signe — est de 16, tandis que celui des différences affectées du signe + est de 5 seulement. Cela montre que, pour faire coïncider les grands cercles de comparaison déduits de l'observation avec ceux qui les représentent dans le *réseau pentagonal*, il nous a fallu les faire décliner beaucoup plus souvent vers l'ouest du nord que vers l'est. Mais parmi les 15 différences négatives, il s'en trouve 4 très peu considérables, dont la plus grande est de 16' 21", de sorte que si le grand cercle de comparaison du *Système du Ténare* s'écartait du méridien de 16' $\frac{1}{2}$ de plus qu'il ne le fait d'après la position que nous lui avons assignée, le tableau renfermerait 11 différences négatives et 10 différences positives, c'est-à-dire que, sous le rapport du nombre, l'équilibre serait à peu près rétabli entre les deux espèces de différences. Ce changement ne suffirait pas pour rétablir l'équilibre entre elles sous le rapport de leurs grandeurs, car la somme des différences négatives étant de 15° 55' 10",25, et celle des différences positives de 5° 18' 9",63, il faudrait, pour que ces deux sommes devinssent égales, que le réseau tournât sur lui-même vers l'est du nord d'environ 30 . Mais j'ai fait remarquer, en discutant ces différences l'une après l'autre, qu'elles sont de leur nature fort incertaines, et que les plus considérables sont plutôt nominales que réelles, de sorte qu'on ne peut rien baser sur leur grandeur absolue. Il semblerait néanmoins résulter de l'ensemble du tableau une indication contraire à ce que j'ai annoncé p. 1027, que le défaut de l'arc Etna—Mouna-Roa serait plutôt de trop se rapprocher du méridien que de s'en trop écarter. Mais nous verrons plus loin une autre indication qui tendrait à prouver qu'il est un peu trop rapproché du méridien, d'où l'on peut conclure que, dans l'état présent des choses, ce point doit rester indécis.

On peut remarquer que nous avons employé des cercles de catégories très diverses, mais que nous n'en avons cependant pas employé de 24 catégories différentes, parce que nous avons été conduits souvent à employer dans des positions variées des cercles exactement homologues. Nous avons employé en tout 16 espèces de cercles. La notation suivie dans le tableau pourrait faire croire que le nombre est moindre; mais, sous ce rapport, elle est encore insuffisante. Nous avons employé les cercles les plus légers aussi bien que les plus pesants du réseau, ce qui peut porter à croire que tous les auxiliaires que nous avons introduits sont également appropriés aux besoins de la question, c'est-à-dire aux phénomènes naturels qu'ils sont destinés à représenter; mais nous ne savons pas encore si le réseau tel que nous l'avons appliqué renferme tous les cercles qu'il comporte : il y aura lieu de revenir plus tard sur cette dernière question.

Je place maintenant ici un *tableau comparatif* des angles formés par les grands cercles de comparaison des différents systèmes de montagnes, tels qu'ils sont donnés par les 21 tableaux, pages 840 à 860, et des angles formés par les grands cercles qui les représentent dans le *réseau pentagonal*.

TABLEAU COMPARATIF des angles formés par les grands cercles de comparaison des différents SYSTÈMES DE MONTAGNES et des angles formés par les cercles qui les représentent dans le réseau pentagonal.

	ANGLES formés p. les cercles du réseau pentagonal.	ANGLES formés par les gr. cercles de comparaison.	DIFFÉRENCES.
Longmynd, Alpes occidentales	5o 16' 16",66	5o 20' 46"	0o 4' 29",79
Tatra, Pays-Bas	*5 52 53 58	2 52 57	0 59 58 58
Vendée, Forez	4 25 10 25	4 55 52	1 0 56 62
Corse et Sardaigne, Nord de l'Angleterre	5 44 10 48	6 55 6	2 9 55 77
Vendée, Mont Viso	6 58 45 55	8 47 12	5 5 1 52
Ténare, Forez	*6 58 6 40	7 6 15	5 21 29 67
Pays-Bas, Finistère	6 59 16 54	10 20 »	5 21 55 60
Vercors, Nord de l'Angleterre	7 25 26 07	9 21 2	2 21 45 46
Tatra, Finistère	7 45 40 48	7 57 54	0 52 7 95
Ténare, Mont Viso	7 55 59 05	7 42 52	0 5 40 48
Ténare, Vendée	8 16 5 65	9 42 46	1 48 46 97
Rhin, Alpes occidentales	9 12 54 12	7 21 »	0 55 5 65
Mont Viso, Forez	9 45 47 55	10 5 51	0 50 56 88
Sancerrois, Hundsrück	10 4 48 16	9 16 48	0 4 0 65
Sancerrois, Axe volcanique	*10 6 11 52	13 55 55	5 51 6 84
Hundsrück, Côte-d'Or		6 28 25	5 57 46 52

	10° 21' 45".26			12° 16' 20"			10° 54' 34".74		
Morbihan, Thüringerwald	10°	45'	2".56	10°	12'	50"	0°	51'	2".56
Longmynd, Rhin	11	14	22 61	11	8	15	0	5	52 61
Vercors, Corse et Sardaigne	*11	55	15 76	11	49	2	0	14	0 76
Vercors, Rhin	11	59	29 77	12	59	9	0	59	52 25
Pyrénées, Ballons	12	9	45 53	11	36	»	0	52	34 53
Corse et Sardaigne, Forez	12	21	57 02	10	9	48	2	12	57 02
Sancerrois, Finistère	13	56	49 77	14	58	51	1	1	28 25
Corse et Sardaigne, Ténare	15	58	52 42	14	9	8	0	11	18 88
Axe volcanique, Finistère	14	55	5 45	16	7	57	1	54	4 55
Axe volcanique, Tatra	15	42	7 96	15	41	21	0	0	10 96
Vendée, Corse et Sardaigne	16	7	29 02	14	27	55	1	40	8 02
Forez, Nord de l'Angleterre	16	54	11 87	15	58	»	1	16	11 87
Sancerrois, Côte-d'Or	17	24	27 88	18	49	10	1	25	7 12
Axe volcanique, Puys-Bas	17	58	18 96	17	44	46	0	3	41 04
Sancerrois, Tatra	*18	»	»	19	56	55	1	56	10 »
Nord de l'Angleterre, Rhin	18	49	47 50	19	58	47	1	58	46 »
Nord de l'Angleterre, Ténare	18	58	57 26	20	20	26	1	50	45 50
Sancerrois, Pays-Bas	19	4	11 25	19	10	56	0	12	9 74
Hundsrück, Finistère	19	4	40 55	20	50	»	1	46	59 77
Longmynd, Côte-d'Or	19	56	16 15	20	48	»	1	45	45 45
Hundsrück, Axe volcanique	19	44	12 80	16	56	»	2	59	20 16
Vendée, Nord de l'Angleterre	20	15	53 08	18	40	»	1	4	12 80
Vercors, Alpes occidentales				18	59	»	1	56	53 08
Ballons, Pays-Bas									

	ANGLES formés p. les cercles du réseau pentagonl.	ANGLES formés par les gr. cercles de comparaison.	DIFFÉRENCES.
Mont Viso, Corse et Sardaigne. . . .	20° 19' 27" 31	20° 56' 50"	0° 37' 22" 69
Pyrénées, Thüringerwald. . . .	20 34 18 58	17 55 43.	3 40 55 58
Ballons, Tatra	°20 58 23 85	21 16 »	0 17 56 17
Alpes occidentales, Côte-d'Or. .	21 5 13 01	25 46 »	2 40 46 99
Mont Viso, Morbihan.	21 50 26 75	22 24 »	0 35 55 25
Vercors, Longmynd.	*21 46 52 86	21 27 »	0 19 52 86
Vercors, Forez.	21 56 4 06	21 49 5	0 6 56 06
Ballons, Thüringerwald. . . .	22 25 40 24	20 12 9.	2 11 1 96
Rhin, Corse et Sardaigne. . . .		22 14 48	-0 -8 22 24
Mont Viso, Rhin.	24 56 26 49.	24 50 18	0 6 8 49
Tatra, Hundsrück	*24 57 50 72	26 39 »	2 21 9 28
Vercors, Ténare	24 44 5 81	25 43 44.	1 4 40 49
Vercors, Vendée.	25 12 7 58	25 6 45	0 5 24 58
Tatra, Pyrénées	25 54 28 82	28 54 50	2 40 21 18
Hundsrück, Pays-Bas.	*25 56 29 25	29 50 »	5 55 50 77
Nord de l'Angleterre, Alpes occident.	*26 16 3 65	26 52 »	0 55 36 55
Pyrénées, Morbihan.	26 21 50 64	22 53 12	28 18 64
Pyrénées, Pays-Bas.	26 46 55 47	26 56 45	0 9 52 47
Ballons, Finistère.	27 15 59 48	28 56 »	1 42 20 52

Lieu	°	'	",‴	°	'	"	°	'	",‴
Vendée, Morbihan	27	55	49,46	29	30	26	4	41	10,54
Côte-d'Or, Axe volcanique	27	47	55,05	25	27	52	2	29	29,05
Morbihan, Ténare	28	22	57,55	29	27	»	1	5	14,45
Longmynd, Nord de l'Angleterre	28	52	0,35	29	19	»	0	46	59,65
Côte-d'Or, Finistère	29	1	55,60	25	58	»	1	25	55,60
Longmynd, Hundsrück	29	7	51,54	27	45	»	1	54	51,54
Côte-d'Or, Rhin	29	21	16,06	51	1	49	1	59	45,54
Mont Viso, Thüringerwald	30	9	42,05	51	58	21	1	28	47,97
Forez, Morbihan	30	51	28,79	52	6	»	1	55	20,21
Alpes occidentales, Corse et Sardaigne	30	59	45,88	59	29	59	0	49	52,88
Mont Viso, Vercors	30	51	54,52	71	40	45	1	9	24,48
Alpes occidentales, Hundsrück	51	10	2,91	59	15	59	0	56	17,91
Morbihan, Ballons	51	15	51,05	50	57	45	0	55	52,05
Longmynd, Corse et Sardaigne	52	34	45,07	52	26	56	0	27	52,07
Pyrénées, Finistère	55	45	46,16	55	50	»	5	47	9,84
Rhin, Forez	55	29	16,82	55	8	»	0	21	16,82
Axe volcanique, Ballons	54	1	20,49	54	58	51	0	67	10,51
Axe volcanique, Pyrénées	55	45	51,81	77	41	48	2	25	56,19
Côte-d'Or, Tatra	55	45	49,47	55	22	»	2	21	19,47
Côte-d'Or, Pays-Bas	56	»	»	55	58	45	0	2	»
Ténare, Rhin				56	51	20	0	51	45
Ténare, Thüringerwald				57	25	»	1	25	20
Vendée, Rhin	56	44	50,48	56	20	47	0	24	50,45
Vendée, Thüringerwald	57	44	45,45	59	58	15	3	54	16,52
Longmynd, Sancerrois				56	28		1	16	52,15

	ANGLES formés p. les cercles du réseau pentagonal.			ANGLES formés par les gr. cercles de comparaison.			DIFFÉRENCES.		
Sancerrois, Ballons	58°	56'	26",55	59°	0'	0"	0°	27'	55",43
Forez, Thüringerwald.	59	21	40 75	41	41	»	1	19	19 25
Alpes occidentales, Sancerrois .	59	25	50 17	59	24	»	0	1	50 17
Hundsrück, Rhin.	59	25	57 57	57	27	»	1	58	57 57
Vercors, Côte-d'Or.	40	45	24 55	42	18	»	1	52	55 47
Alpes occidentales, Forez. . .	41	58	5 68	40	29	»	1	9	5 68
Morbihan, Corse et Sardaigne. .	41	41	22 51	45	20	52	1	59	9 49
Mont Viso, Rhin.	42	25	37 66	45	0	»	0	56	22 54
Sancerrois, Pyrénées. . . .	42	59	22 29	43	45	»	5	13	57 71
Thüringerwald, Pays-Bas . . .	42	58	45 54	58	48	»	15	50	45 54
Thüringerwald, Tatra	45	41	20 52	41	24	50	4	46	50 52
Longmynd, Forez.	45	27	56 60	45	15	»	0	14	56 60
Alpes occidentales, Ténare. . .	44	16	5 65	44	5	18	0	12	43 65
Alpes occidentales, Vendée. . .	44	49	61 85	45	59	28	1	9	55 85
Morbihan, Nord de l'Angleterre. .	46	5	55 16	46	10	25	0	6	67 84
Axe volcanique, Longmynd. . .	46	6	54 89	43	5	59	0	56	55 89
Hundsrück, Ballons	46	41	56 80	48	7	»	1	55	25 20
Longmynd, Ténare.	46	69	42 95	47	5	27	0	54	14 79
Longmynd, Vendée	46	52	22 28	46	15	46	0	49	22 28

Axe volcanique, Alpes occidentales.	47°	12′	28″,75		47°	29′	57″		0°	17′	28″,27
Nord de l'Angleterre, Côte-d'Or.	47	21	16 66		49	59	»		2	77	45 54
Sancerrois, Rhin.	47	36	28 66		46	39	»		0	57	28 66
Mont Viso, Pyrénées.	47	45	25 45		46	17	45		1	26	25 45
Longmynd, Finistère.	47	59	48 06		46	24	»		0	55	4 06
Thüringerwald, Finistère.	49	56	49 74		49	8	5		2	28	49 74
Thüringerwald, Corse et Sardaigne.	50	17	7 65		52	1	»		0	24	15 25
Alpes occidentales, Finistère.	50	56	29 42		49	24	56		0	55	7 65
Alpes occidentales, Mont Viso.	50	51	26 55		50	18	»		0	17	55 42
Vercors, Hundsrück.	51	11	27 02		48	42	46		2	9	26 55
Morbihan, Pays-Bas.	51	12	47 76		48	26	»		2	44	41 02
Morbihan, Tatra.	51	25	54 25		50	45	»		0	52	12 64
Pyrénées, Hundsrück.	51	25	54 25		55	»	20		5	56	5 75
Corse et Sardaigne, Côte-d'Or.	51	44	26 89		55	15	»		1	50	55 11
Mont Viso, Ballons.	52	21	15 02		51	46	49		0	45	15 02
Vercors, Morbihan.	52	22	55 56		55	55	»		1	55	15 64
Mont Viso, Longmynd.	52	58	45 41		55	8	59		0	29	14 89
Pyrénées, Vendée.	53	17	52 62		51	55	56		1	25	55 62
Thüringerwald, Nord de l'Angleterre.	54	»	8 19		56	7	17		2	7	56 »
Pyrénées, Ténare.	54	44	8 19		52	10	»		0	55	51 19
Longmynd, Tatra.	54	55	25 50		54	12	»		0	45	25 50
Longmynd, Pays-Bas.	54	57	15 77		56	45	22		1	47	44 25
Axe volcanique, Thüringerwald.	55	6	21 26		55	52	21		1	55	59 26
Axe volcanique, Rhin.	56	15	55 8		54	47	»		0	19	0 26
Ballons, Côte-d'Or.	56	50	43 18		54	55	»		1	45	55 08
Pyrénées, Forez.	56	50	43 18		54	58	»		1	52	45 18

95*

	ANGLES formés p. les cercles du réseau pentagonal.	ANGLES formés par les gr. cercles de comparaison.	DIFFÉRENCES.
Alpes occidentales, Tatra	56° 47' 45",85	57° 8' 0"	0° 24' 16",17
Alpes occidentales, Pays-Bas . . .	57 5 15 91	59 45 »	2 57 46 99
Hundsrück, Nord de l'Angleterre .	57 25 45 75	56 44 »	1 11 45 75
Finistère, Morbihan	58 5 46 81	58 42 »	0 57 15 19
Finistère, Rhin	58 25 10 26	56 57 »	1 46 40 26
Ballons, Ténare	58 40 48 44	56 57 34	0 47 16 26
Ballons, Vendée	59 8 48 86	57 55 45	0 50 54 56
Vercors, Sancerrois	59 40 6 25	59 51 »	0 45 48 86
Vercors, Thüringerwald . . .	60 40 6 25	57 55 22	2 25 15 77
Sancerrois, Thüringerwald . . .	60 48 0 25	65 5 22	1 40 11 98
Pyrénées, Côte-d'Or	61 45 55 74	59 7 49	0 8 55 74
Forez, Ballons	61 52 12 01	61 41 »	0 16 47 99
Axe volcanique, Morbihan . . .	61 57 22 45	61 49 29	1 7 55 45
Hundsrück, Corse et Sardaigne . .	61 48 55 87	60 29 29	2 7 59 87
Forez, Côte-l'Or	62 51 58 74	59 41 14	4 51 1 26
Rhin, Morbihan	65 54 4 56	64 5 »	0 20 55 44
Rhin, Tatra	64 58 55 49	65 45 »	1 53 55 49
Rhin, Pays-Bas		64 25 »	1 53 45 54
Ténare, Côte-d'Or	55 21 16 66	66 57 »	5 28 41 54
		67 49 58	

	65° 28' 51",65			65° 50' 0"			0° 1' 8",55		
Sancerrois, Nord de l'Angleterre . . .	65	56	45 81	65°	55	58	0°	19	54 19
Vendée, Côte-d'Or.	66	55	49 88	66	55	53	1	57	54 88
Vercors, Axe volcanique	68	1	55 76	65	58	53	0	48	25 76
Corse et Sardaigne, Pyrénées . . .	*68	29	57 05	66	15	50	1	9	57 25
Sancerrois, Morbihan.	68	54	58 41	68	20	»	0	16	55 41
Hundsrück, Thüringerwald . . .	68	43	21 40	68	48	»	0	54	21 40
Vercors, Finistère	69	50	52 90	67	51	12	1	57	20 99
Sancerrois, Corse et Sardaigne . .	69	56	1 55	68	55	»	0	42	58 47
Mont Viso, Côte-d'Or	71	»	»	75	59	40	0	12	40 »
Corse et Sardaigne, Ballons . . .	*72	»	»	73	12	»	2	16	» »
Rhin, Thüringerwald	72	6	59 85	74	16	22	0	28	42 15
Morbihan, Alpes occidentales . .	72	19	48 68	72	55	»	5	29	48 68
Nord de l'Angleterre, Pyrénées . .	72	29	50 55	68	50	40	1	51	49 67
Nord de l'Angleterre, Axe volcanique	*72	51	29 55	74	21	»	2	19	29 55
Mont Viso, Puys-Bas.	72	57	59 59	70	12	»	2	14	59 89
Forez, Hundsrück.	72	44	1 23	70	23	»	0	1	1 23
Mont Viso, Tatra.	74	2	45 11	72	40	7	1	16	21 89
Longmynd, Morbihan.	73	11	26 48	75	19	»	0	9	55 52
Longmynd, Ballons	*75	25	58 27	75	21	59	1	8	59 27
Hundsrück, Tonare	75	40	59 07	74	16	15	2	50	44 07
Hundsrück, Vendée.				75	40	»	1	13	10 28
Nord de l'Angleterre, Finistère. .	76	25	40 26	75	43	45	0	9	25 26
Nord de l'Angleterre, Ballons . .	76	27	8 42	75	41	»	0	46	8 42
Vercors, Tatra.									

1136

	ANGLES formés p. les cercles du réseau pentagonal.	ANGLES formés par les gr. cercles de comparaison.	DIFFÉRENCES.
Vercors, Pays-Bas	*76° 45' 8",15	78° 11' 0"	1° 27' 51",85
Corse et Sardaigne, Axe volcanique	76 45 25 40	76 45 7	0 52 18 40
Hundsrück, Morbihan	76 49 56 98	77 56 5	0 46 8 12
Ballons, Alpes occidentales	77 20 46 00	78 21 »	1 » 15 91
Pyrénées, Vercors	78 26 44 24	76 47 »	1 59 44 24
Thüringerwald, Côte-d'Or	78 58 43 54	74 45 »	3 55 45 34
Ténare, Pays-Bas	*78 58 43 54	76 45 52	2 25 11 34
Vendée, Tatra	78 42 57 70	80 » »	1 47 22 50
Vendée, Pays-Bas	78 45 16 54	77 40 9	1 5 7 54
Ténare, Tatra	79 5 44 21	78 49 25	0 16 21 21
Mont Viso, Finistère	79 28 6 45	80 52 »	1 5 55 85
Longmynd, Pyrénées	80 14 55 54	81 55 58	1 58 26 46
Thüringerwald, Alpes occidentales	*80 46 5 65	81 28 22	1 42 34 75
Finistère, Corse et Sardaigne	80 46 20 52	78 51 »	1 44 38 52
Forez, Sancerrois	81 5 55 45	79 59 »	1 24 55 45
Forez, Pays-Bas	81 40 25 76	80 45 »	1 27 25 76
Mont Viso, Hundsrück	*81 42 42 51	80 21 »	1 21 12 51
Forez, Tatra	81 44 47 54	82 59 »	0 54 12 46

	81o 52'	48",54		84° 15	5"		2° 40'	45",66
Pyrénées, Alpes Occidentales	81o 52'	48",54		84° 15	5"		2° 40'	45",66
Longmynd, Thüringerwald	82 26	57 97		84 28	»		1 5	22 03
Mont Viso, Axe volcanique	82 55	4 12		82 52	54		0 8	27 12
Nord de l'Angleterre, Tatra	82 56	16 82		85 5	»		0 12	45 19
Ballons, Vercors	*85 2	11 61		85 45	54		2 7	48 59
Nord de l'Angleterre, Pays-Bas	85 21	16 66		85 28	57		0 5	17 34
Sancerrois, Tenare	85 25	12 25		85 26	»		1 57	44 77
Sancerrois, Vendée	84 4	56 87		82 27	40		0 5	56 87
Ballons, Rhin	*85 56	49 74		85 55	»		0 55	49 74
Finistère, Tenare	85 59	18 88		86 52	8		2 17	41 12
Finistère, Vendée	86 55	55 57		87 57	7		1 9	45 57
Morbihan, Côte-d'Or	87 18	59 69		85 55	7		5 59	52 69
Corse et Sardaigne, Tatra	87 44	26 89		86 57	55		1 26	40 11
Corse et Sardaigne, Pays-Bas	78 11	25 65		89 11	22		0 45	9 55
Axe volcanique, Vendée	88 28	22 74		98 54	15		0 49	0 74
Axe volcanique, Forez	88 56	15 76		87 59	»		0 51	57 24
Finistère, Forez	89 50	25 77		89 28	»		0 5	54 25
Sancerrois, Mont Viso	90	»		89 56	1		1 54	»
Pyrénées, Rhin				88 6			0 7	59
Tenare, Axe volcanique				89 52				

Le tableau précédent se compose de 210 lignes, c'est-à-dire d'un nombre égal à celui des lignes réellement différentes que présentent les 21 tableaux, p. 840 à 860 Les angles y sont désignés d'une manièr analogue, seulement, par les motifs indi qués p. 1109, les mots *Axe volcanique* on été substitués aux mots *Alpes principales*.

Ayant maintenant 24 systèmes à consi dérer au lieu de 21, j'aurais pu porter à 24 le nombre des tableaux p. 840 à 860 et augmenter chacun d'eux de manière qu'ils comprissent en tout $\frac{24 \cdot 23}{2} = 276$ angles différents au lieu de 210. Pour cela, je n'aurais eu qu'à reprendre pour le *Système de la chaîne principale des Alpes* le grand cercle de comparaison provisoire indiqué p. 576, et à adopter un grand cercle de comparaison provisoire pour le *Système méridien de l'Oural*, d'après la belle carte publiée par sir Roderick Murchison, et un autre pour le *Système des Açores* d'après les excellentes cartes sorties récemment de l'*Hydrographical-office*. Mais il est aisé de voir que cela n'aurait entraîné d'autre difficulté que celle de calculer 66 nouveaux angles d'après les cercles déduits de l'observation, et les 66 angles théoriques correspondants, sans qu'il pût naître de là aucune difficulté nouvelle; j'ai cru pouvoir, en conséquence, me dispenser de ce surcroît de travail, qui aurait entraîné la réimpression des tableaux p. 840 à 860, et d'autres embarras qui n'auraient été compensés par aucun avantage important.

Je me suis donc contenté de faire figurer dans le tableau précédent les 210 angles de la cinquième colonne des tableaux p. 840 à 860, et je les ai placés dans la deuxième colonne.

J'ai placé dans la première les 210 angles correspondants, formés par les grands cercles du *réseau pentagonal* que nous avons été conduit à adopter comme représentants des 21 systèmes de montagnes compris dans les tableaux qui nous ont servi du point de départ. Le calcul de ces 210 angles a été nécessairement un assez long travail, beaucoup moins long cependant que le calcul des angles formés par les grands cercles de comparaison provisoires, parce que les cercles du réseau pentagonal se croisant en nombre plus ou moins grand en certains points, situés à des distances connues ou faciles à connaître, les calculs éprouvent par ce fait seul de nombreuses simplifications.

La troisième colonne contient, pour chaque rencontre de deux systèmes de montagnes entre eux, la différence entre l'angle des grands cercles de comparaison provisoires et l'angle de leurs représentants dans le réseau pentagonal.

Aucune de ces différences ne s'élève à 4°; et, si j'avais introduit les 66 angles dont j'ai parlé il y a un instant, ils n'auraient donné eux-mêmes que des différences assez petites et bien inférieures à 4°.

Nous avons, vu p. 869, que dans des suppositions assez vraisemblables on aurait pu s'attendre à trouver parmi les 210 angles déduits de l'observation :

1 angle en erreur de 7°,
3 angles en erreur de 6°,
1 angle en erreur de 5° $\frac{1}{2}$,
5 angles en erreur de 5°.

En tout, 10 angles en erreur de quantités égales ou supérieures à 5°.

Or les 10 différences les plus considérables que présente la troisième colonne du tableau précédent sont les suivantes :

Sancerrois — Axe volcanique...	3° 56'	6''	84
Thüringerwald — Côte-d'Or...	3 55	45	54
Thüringerwald — Pays-Bas...	3 50	45	54
Thüringerwald — Pyrénées...	3 40	55	58
Hundsrück — Côte-d'Or...	3 57	46·	52
Hundsrück — Pyrénées...	3 56	5	75
Hundsrück — Pays-Bas...	3 55	50	77
Nord de l'Angleterre — Pyrénées.	3 29	48	68
Morbihan — Pyrénées...	3 28	18	64
Finistère — Côte-d'Or...	3 23	55	68

La première de ces différences tient essentiellement au déplacement assez considérable que j'ai cru devoir faire subir, p. 1096, au grand cercle de comparaison du *Système du Sancerrois*, pour le faire passer dans le midi de l'Europe. Les 9 autres se rapportent chacun à l'un des systèmes pour lesquels j'ai fait remarquer que la différence entre l'orientation théorique et l'orientation déduite de l'observation est plutôt nominale que réelle. Ces considérations tendent à diminuer encore l'importance qu'on pourrait attribuer à ces différences qui, au surplus, sont en elles-mêmes assez peu considérables et inférieures de plus d'un tiers aux prévisions de la page 869.

Il est vrai qu'à la page 869 on prévoyait aussi 11 différences égales à 0°, et que le tableau précédent ne présente aucune différence complétement nulle ; mais les 11 différences les plus petites que présente ce tableau sont les suivantes :

Vendée — Corse et Sardaigne	0°	0′	0″,96	
Sancerrois — Hundsrück	0	1	0	65
Mont Viso — Tatra	0	1	1	25
Sancerrois — Nord de l'Angleterre.	0	1	8	55
Sancerrois — Alpes occidentales. . .	0	1	30	17
Pays-Bas — Côte-d'Or.	0	2	0	00
Mont Viso — Axe volcanique.	0	3	27	12
Mont Viso — Ténare.	0	3	40	48
Sancerrois — Ténare.	0	3	44	77
Rhin — Ballons	0	3	49	74
Longmynd — Alpes occidentales. .	0	4	29	59

On voit que si ces 11 différences ne sont pas égales à 0°, elles sont du moins complétement négligeables.

Au total, les angles déduits de l'observation sont représentés avec une précision *plus grande* que celle à laquelle on était fondé à s'attendre d'après les suppositions de la page 866. Il est vrai que pour l'exactitude du raisonnement, j'avais dû faire des suppositions un peu au-dessus de la vérité probable : ainsi on peut dire encore ici, que la manière dont les angles sont représentés, répond aux prévisions qui m'ont guidé dans le cours de mon travail , et qu'elle est au niveau de l'exactitude qu'on peut attribuer aux observations d'après lesquelles ont été fixés les grands cercles de comparaison provisoires des 21 systèmes de montagnes qui nous ont principalement occupé dans cet ouvrage. .

Les 210 lignes dont se compose le tableau précédent sont écrites l'une à la suite de l'autre , de manière que les valeurs des angles théoriques soient rangées par ordre de grandeur. Cela permet de voir comment elles se succèdent dans l'étendue du quadrant. Un examen attentif fera apercevoir au lecteur les *groupes* qu'elles forment et les *lacunes* qu'elles laissent entre elles. Elles fourniront ainsi un utile commentaire pour les considérations que j'ai présentées p. 979 à 1001 ; ce commentaire serait plus explicite encore, si le format de cet ouvrage m'avait permis de donner au tableau une forme figurative, analogue à celle de la planche IV. Afin d'y suppléer, au moins en partie, j'ai placé dans la première colonne des astériques (*) au nombre de 38, pour indiquer les principaux *groupes* que forment les valeurs d'angles en se rapprochant les unes des autres. J'aurais pu indiquer de même les *lacunes* principales que présente la·colonne; mais les lacunes pourraient disparaître si l'on formait un tableau plus étendu, tandis que les *groupes*, une fois formés, ne peuvent plus disparaître complétement.

Telles qu'elles sont cependant, les *lacunes* et les *éclaircies* que présente la 1re colonne méritent une mention particulière. Elles se trouvent principalement vers 23 à 24°, 32°, 34 à 35°, 40 à 41°, 45 à 46°, 48 à 49°, 60°, 62 à 65°, 67°, 70 à 71°, 73 à 75°, 84 à 87°. Les *éclaircies* qui existent entre 62 et 65° et entre 84 et 87° sont les plus remarquables. J'ai déjà remarqué, p. 935, des *lacunes* ou des *éclaircies* analogues, dans la série des 33 valeurs différentes des angles

essentiels du *réseau pentagonal* et j'en ai
signalé de correspondantes dans la série des
valeurs des 210 angles déduits de l'observation, notamment vers 86° et vers 63°;
j'y ai signalé aussi des éclaircies entre 25
et 32° : ce sont là des analogies très remarquables. Les valeurs d'angles déduites de
l'observation qui se trouvent dans la 2ᵉ colonne du tableau précédent, étant généralement un peu différentes des valeurs
théoriques correspondantes, présentent un
grand nombre de transpositions, mais comme
les différences sont toujours inférieures à
4°, et généralement beaucoup moindres, ces
transpositions ne sont jamais très étendues
et souvent elles se compensent. Si l'on écrit
figurativement et indépendamment les unes
des autres, les valeurs d'angles comprises
dans les deux colonnes, on forme deux séries
qui ont beaucoup de rapports l'une avec
l'autre ; seulement la série des valeurs
théoriques est plus nettement caractérisée
que la série des valeurs d'angles déduites
de l'observation ; les groupes d'angles y sont
moins nombreux et plus compactes : on voit
alors que la première série est une *régula-
risation très peu altérée* de la seconde, et
l'on conçoit qu'il *était possible de parvenir,
comme nous l'avons fait, à reconnaître la*

SYMÉTRIE PENTAGONALE *dans la série des angles déduits de l'observation.*

Mais quoique nous soyons parvenus à trouver dans le *réseau pentagonal* des cercles qui représentent 24 des systèmes des montagnes de l'Europe avec une précision égale à celle des observations, il est bon de ne pas oublier que nous n'avons employé le *réseau pentagonal* que sous une forme *restreinte* à dessein et dans le but, comme il est dit p. 961, d'essayer le plus simplement possible le *principe de symétrie du réseau pentagonal.* Loin de pouvoir être considéré comme étant pour ces 24 systèmes le dernier mot de la science, le résultat auquel nous sommes parvenu n'est encore qu'une sorte de *pis aller* qui montre déjà que le *principe de la symétrie pentagonale* existe au moins très approximativement dans l'ordonnance des systèmes de montagnes européens, mais qui pourra être dépassé de beaucoup, sous le rapport de la précision, lorsqu'on emploiera le *réseau pentagonal* sous sa forme la plus développée possible. Il me paraîtrait superflu de chercher à aller aujourd'hui plus loin que je ne l'ai fait, parce que, pour cela, il faudrait, avant tout, que les grands cercles de comparaison des différents systèmes de mon-

96*

tagnes eussent été déterminés avec une
précision plus grande que celle qu'ils ont
aujourd'hui; mais si l'on parvient à leur
donner cette précision, on pourra demander au réseau de fournir pour quelques uns
d'entre eux des représentants plus exacts, et
tout annonce qu'on les y trouvera en y
multipliant au besoin le nombre des cercles
auxiliaires.

Il pourra arriver par ce motif, et par
d'autres encore dépendants de la *subordina-
tion chronologique* qui existe probablement
à un certain degré entre les différents cercles
du réseau, et d'où résulte entre autres choses
le principe de la *récurrence des directions*,
que tel ou tel des cercles que nous avons
employés pour représenter nos 24 systèmes
de montagnes doive être remplacé par un
autre, et remis, pour ainsi dire, en dispo-
nibilité.

Toutefois ces mutations ne pourront faire
perdre aux cercles que nous avons étudiés
la propriété que nous avons reconnue à
chacun d'eux en particulier, de passer
par différents points remarquables et d'être
jalonné sur la surface de l'Europe par
un certain nombre d'accidents géographiques et géologiques; mais cette propriété
est loin d'être restreinte en Europe aux

cercles que nous ayons été conduit à employer comme représentants de nos différents systèmes de montagnes.

Dans l'étude que nous avons faite de l'installation des cercles que le *réseau pentagonal* nous a fournis, il s'est présenté une circonstance qui n'était pas prévue d'avance ; c'est que ces grands cercles donnés par le réseau ont rempli une condition à laquelle je n'avais pas songé à assujettir les *grands cercles de comparaison provisoires*, celle de passer *par un certain nombre de points géologiquement et géographiquement remarquables*. J'ai bien fait partir, en général, chaque *grand cercle de comparaison provisoire d*'UN *point* remarquable ; mais la direction étant déterminée, je ne pouvais songer à la faire passer par *un second* point. Si j'avais déterminé la direction du cercle d'après *deux points*, je n'aurais pu songer à le faire passer en même temps par *un troisième* point remarquable ; il aurait fallu que les *trois points* fussent naturellement en *ligne droite*, et que le grand cercle passant par deux d'entre eux passât forcément par le *troisième*. Le *réseau pentagonal*, qui s'appuie, comme je l'ai dit p. 1021, sur un *quinconce de points* remarquables assujettis à la loi pentagonale, a trouvé de lui-même une

foule de ces *combinaisons forcées*, et tous les
cercles qu'il nous a donnés comme représentants des différents systèmes de montagnes sont des cercles d'une *nature exceptionnelle* par le grand nombre des points remarquables qu'ils rencontrent. Il est certain
que, sous ce rapport, les cercles que le réseau nous a fournis sont préférables aux
grands cercles de comparaison provisoires
auxquels nous les avons substitués, parce
qu'il est en effet naturel que le grand cercle
de comparaison, le *grand cercle médian* d'un
système de montagnes, se distingue par le
grand nombre des rencontres de ce genre
qu'il présente.

Les 24 grands cercles que nous avons
employés sont loin d'être les seuls, en Europe, qui présentent les propriétés que je
viens de rappeler; mais aussi les 21 et même
les 24 systèmes stratigraphiques que nous
avons considérés sont loin, comme je l'ai
déjà dit, d'être les seuls qui pourront être
déterminés en Europe, et déjà un assez
grand nombre d'autres ont été indiqués par
M. Durocher et par d'autres géologues habiles.

J'ai fait graver sur la carte, pl. V, un
certain nombre de cercles auxiliaires qui,
sans que je puisse encore dire qu'ils repré-

sentent tel ou tel système stratigraphique ,
sont éminemment remarquables par l'harmonie qu'ils présentent avec les formes géographiques, tels que le *trapézoédrique* T′′ b′′′
de l'Etna à Porto-Santo; son homologue
T′′′′b des Hébrides au point b près de la
Nouvelle-Zemble; le *dodécaédrique pentagonal* Hb′′′ du Groënland à Porto-Santo, le
diagonal Ic′′ de la Nouvelle-Zemble à la côte
de Syrie.

La propriété caractéristique de tous ces
cercles est de *construire* par leurs intersections les points remarquables au double
point de vue géographique et géologique ;
et pour bien concevoir ce que j'entends ici
par le mot *construire*, il suffit au lecteur de
jeter les yeux sur le volcan de Sniofial, en
Islande, le *Lands-end* du Cornouailles, l'île
d'Alboran, les pointes de Majorque et de
Minorque, le cap Bon, etc., etc... Je détail-
lerai seulement trois exemples de ce phénomène. Le point c′′ de la côte de Syrie
est construit par la rencontre d'un octaédrique et d'un *dodécaédrique rhomboïdal.* L'intersection tombe sur un point de
la côte qui, d'après la belle carte géologique de M. Russegger, présente des accidents particuliers de structure avec lesquels la direction du *dodécaédrique rhomboï-*

dal est en rapport. Le *diagonal* l c″, que j'ai
mené par ce point, représente avec une fidélité remarquable la direction de la côte de
Syrie. Ce *diagonal* prolongé *construit* exactement, ou au moins très approximativement,
par son intersection avec l'*octaédrique* des Pyrénées, la position de la cime du *mont Sinaï*.
Prolongé plus loin encore, il *construit* également les *cataractes du Nil* par son intersection avec le cercle *primitif* qui forme le
contour du pentagone. Par ce point d'intersection, j'ai tracé et fait graver aussi l'*homologue* du *diagonal* l c″. Ce dernier m'a immédiatement *construit* le bord de la mer
Rouge par son intersection avec un *dodécaédrique régulier*. Mais ce n'est pas tout. Ayant
reporté le cercle *primitif* avec les deux *diagonaux* sur la grande et belle carte géologique
de la Nubie publiée il y a quelques années
par M. Russegger (1), j'ai vu que le point
construit, comme je l'ai dit il y a un instant,
tombe à l'endroit où le Nil entre dans le granite sur lequel il tombe en cataractes; que
celui des deux *diagonaux* qui court à l'ouest
un peu nord représente exactement la direction de la chaîne granitique des cataractes,
tandis que l'autre *diagonal* et le *primitif* re-

(1) Russegger, *Reisen in Europa, Asia und Africa*, 1842.

présentent avec la même fidélité les deux
autres directions géologiques les plus remarquables qu'on peut lire sur la carte.

Je pourrais citer de nombreux exemples
de faits de ce genre, car le *réseau pentagonal*
en renferme, je puis l'assurer, un fonds
considérable ; mais je n'irai pas plus loin
en ce moment : d'une part, parce que la
citation de ces faits perd trop à ne pas être
accompagnée de cartes sur lesquelles ils
soient figurés ; et de l'autre, parce que je ne
puis encore répondre au lecteur de leur précision que dans les limites d'exactitude que
comportent les constructions exécutées sur
ma petite carte ; tandis que peut-être, et
j'ai même déjà des raisons pour le croire, la
précision va souvent beaucoup plus loin. Il
faut que les chiffres en décident, et que la
limite de la précision soit établie par des
exemples un peu nombreux ; mais cela de-
mande du temps.

Cependant comme les remarques qui précèdent nous ramènent naturellement à considérer le *réseau pentagonal* au point de vue
purement géographique qui, sous le rapport
de la précision des applications, est à son
égard le point de vue le plus remarquable,
je vais jeter un dernier coup d'œil sur l'installation géographique du *pentagone euro-*

péen et sur celle de quelques uns des cercles principaux qui s'y dessinent.

Je ferai d'abord remarquer que des cinq sommets de ce pentagone, l'un tombe dans l'océan Atlantique, à une assez grande distance des côtes, de manière à ne pouvoir donner lieu à aucune remarque précise, mais que les *quatre autres* tombent en des points d'une nature particulière et exceptionnelle, savoir l'entrée du détroit de Davis, l'extrémité N.-E. de la Nouvelle-Zemble, le bord septentrional des plateaux élevés de la Perse, et les environs du lac Tchad au centre de l'Afrique. Malheureusement ce sont quatre contrées peu accessibles et peu connues, et comme d'ailleurs la carte, planche V, ne renferme guère que le tiers de l'horizon de chacun de ces points, je ne puis poursuivre ici les remarques dont ils pourraient être l'objet.

Je suis obligé de me restreindre beaucoup aussi à l'égard des cercles *primitifs* qui forment le *contour* du pentagone; chacun d'eux n'est représenté sur la planche V que dans une petite partie de son cours, et cette carte, dont la projection est moins bonne vers les bords que vers le centre, ne peut même représenter bien complétement que l'un des côtés de la région qu'il traverse. Je

me bornerai donc à remarquer, au sujet de
ces cercles *primitifs* terminaux, que l'un
d'eux représente, comme je l'ai déjà dit,
l'une des grandes directions géologiques de
la Nubie, et qu'un autre, construit d'après
les chiffres du tableau p. 1041, sur la belle
carte géologique de l'Oural, publiée par sir
Roderick Murchison, représente avec une
précision remarquable la direction fondamentale des roches anciennes qui constituent la base fondamentale du versant asiatique de cette chaîne. J'ajouterai encore que
le *primitif* II'''', qui dans le pentagone européen traverse seulement les régions glacées
et presque inconnues qui avoisinent le pôle,
n'est autre chose que le prolongement de
celui dont j'ai parlé page 1031, comme
jouant un rôle si remarquable sur la côte
du Chili et dans tout l'hémisphère américain, et que son prolongement dans l'empire
de la Chine y est également dans un rapport étonnamment précis avec les principaux
traits géographiques de la contrée, tels
qu'ils sont figurés sur la carte publiée par
M. Edouard Biot. Quant au cercle primitif
I''''' I''', dont nous ne voyons sur la planche V qu'une partie comprise entièrement
dans l'océan A tlantique, il traverse d'une
part l'Amérique russe et de l'autre la terre

de Van-Diemen et la Nouvelle-Hollande, et il y joue un rôle important. Le cercle *primitif* l''' l'' traverse les parties les moins connues de l'Afrique et de la Nouvelle-Hollande ; mais il passe aussi dans les Antilles et y joue un rôle remarquable qu'il appartient à M. Charles Deville de décrire avec précision.

J'ai déjà fait connaître les circonstances principales de l'installation géographique et géologique des cinq grands cercles *primitifs* qui se croisent au centre du pentagone européen, près de Remda en Saxe ; mais parmi les grands cercles principaux qui traversen t ce pentagone, il me reste encore à fixer particulièrement l'attention du lecteur sur un groupe de cercles qui y jouent un rôle remarquable et qui sont bien propres à mettre à l'épreuve la *symétrie pentagonale* et la précision de ses rapports avec la structure de l'Europe. Je veux parler des cinq *octaédriques* HH'', H'H''', H''H'''', H''''H, H''''H'.

Le *réseau pentagonal*, ainsi que nous l'avons vu précédemment, renferme en tout dix *octaédriques*, et cinq d'entre eux traversent chacun des douze pentagones du réseau. Ils y forment, comme on le voit sur la planche V, un petit pentagone concentrique au pentagone principal, mais plus petit, dont les points T sont les sommets.

Ce petit pentagone se trouve adapté avec une précision singulière à la forme et à la taille de la partie occidentale et la plus montueuse de l'Europe. La Sicile, la Turquie d'Europe, les steppes granitiques de l'Ukraine, la Finlande, la Scandinavie, l'Irlande, l'Espagne et la Sardaigne semblent attachés à son contour. Les cinq sommets T et les cinq points a qui marquent le milieu de ses côtés tombent tous en des points remarquables. Ces cinq points T et ces cinq points a sont des centres de rayonnement et de croisement pour les cercles du réseau, et c'est parce qu'ils tombent en des points doués de propriétés particulières que les cercles qui en partent sont sujets à toutes les rencontres que nous avons étudiées. Si le petit pentagone était remplacé par un autre un peu plus grand ou un peu plus petit, quoique orienté de la même manière, le charme serait pour ainsi dire rompu; mais il ne peut être ni plus grand ni plus petit : sa grandeur est une conséquence et une expression de la *symétrie pentagonale*, et son adaptation exacte à la taille de l'Europe est une des manifestations de la concordance de cette symétrie avec la structure de l'écorce terrestre.

On peut remarquer encore que les par-

ties de l'Europe qui avoisinent les contours
du petit pentagone sont modelées en quelque sorte à plus petit point que le reste. La
nature a dessiné à plus grands traits l'espace compris entre le petit pentagone et le
grand. C'est en effet dans cet espace intermédiaire que tombent les grandes plaines de
la Russie, du Turkestan, de l'Arabie, de la
Libye, le Sahara, l'océan Atlantique, la mer
Glaciale. Il est vrai, et il ne faut pas l'oublier, que la projection gnomonique a la
propriété d'exagérer un peu la grandeur des
parties placées près des contours du pentagone par rapport à celles qui sont situées
près du centre; mais la disproportion n'est
pas très grande, et sur un globe où toutes
les parties sont figurées sur une échelle uniforme la grandeur des plaines de la Russie
et du Sahara, comparée aux petits compartiments de l'Europe occidentale, se manifeste d'une manière à peu près aussi sensible
que sur la carte, pl. V. Le centre commun
des deux pentagones d'Europe tombe sur
un point assez indifférent en lui-même de
la Saxe, dans un pays de petites plaines et
de collines, mais, ce qui est bien remarquable sous le point de vue qui nous occupe, il tombe dans les Duchés *de Saxe*,
dans la partie la plus morcelée du terri-

toire des *plus petits États* de l'Allemagne.

Cette harmonie générale est d'autant plus digne d'attention qu'elle se reproduit, quoique avec des configurations individuelles très différentes, dans les onze autres pentagones du réseau. Aussi bien que dans le pentagone européen, aucun des centres des autres pentagones ne coïncide avec un point particulièrement remarquable de la surface du globe ; aucun d'eux n'est marqué par un volcan ou par une montagne couverte de neige ; mais, à moins de se trouver en entier sur une mer profonde, comme pour celui qui avoisine les îles Marquises, les contours des petits pentagones s'adaptent généralement à des contrées qui, de même que l'Europe occidentale, sont tourmentées et accidentées *en petit*, d'où il résulte que dans le voisinage de ces contours on trouve plus abondamment qu'ailleurs des points de repère propres à fixer avec précision la position du réseau.

Pour sortir à cet égard des indications d'une généralité trop vague il suffit de suivre sur la planche V le cours des cinq *octaédriques*.

J'ai déjà fait remarquer comment l'un d'eux, l'*octaédrique des Pyrénées*, passant par le cap Torinana, l'Etna, le mont Sinaï et la pointe extrême de l'île de Socotora, se trouve en harmonie et même en rapports précis avec une foule de traits remarquables des contrées qu'il traverse.

Le second des deux *octaédriques* qui se croisent à l'Etna pourrait être appelé l'*octaédrique de l'île Trinidad*. C'est celui dont nous avons étudié le cours, p. 1025, près de l'île *Trinidad* et des îlots de Martin Vaz dans l'océan Atlantique méridional. On voit sur la carte, pl. V, qu'il sort du continent africain par le fond du golfe de Kabes et passe près des petites îles qui s'y élèvent; qu'après avoir passé à l'Etna, il sort de la Sicile par le cap Pelore, en laissant à une petite distance les dangers de Carybde et Scylla; qu'il coupe les pointes extrêmes de l'Italie parallèlement à leur ligne terminale; qu'il coupe la Turquie d'Europe en passant à peu près par les monts Gabar et Stara-Planina, et en suivant une ligne près de laquelle les différentes lignes géologiques qu'on peut remarquer sur l'intéressante carte de M. Boué viennent généralement se briser; qu'il rase le pied des montagnes de la Transylvanie et qu'il entre dans la grande masse granitique de l'Ukraine, au point T', près d'Olviopol, par un de ses angles. Construit d'après les chiffres du tableau p. 1041, sur

la belle carte de sir Roderick Murchison,
il entre dans l'Oural par le promontoire
montueux du Karatau et coupe la chaîne
dans les brisures que présentent, à l'ouest
de Kilitimsk, la bande du vieux grès rouge
et la bande granitique.

Enfin on peut remarquer que dans tout
son cours à travers le continent de l'Europe
et de l'Asie, depuis les côtes de l'Adriatique
jusqu'à Tomsk en Sibérie, cet *octaédrique*
rencontre une foule de rivières et qu'il
n'en rencontre presque pas une seule dans
un point indifférent, mais qu'il les coupe
généralement près d'un coude ou d'un con-
fluent; ce qui annonce qu'il suit une inflexion du sol plus ou moins prononcée à
l'extérieur, mais toujours sensible pour le
cours des eaux.

L'*octaédrique* H''H, que j'appellerai l'*octaédrique de l'île d'Hindoë*, est aussi très remarquable tant par sa position générale que
par la manière dont il est jalonné.

La masse des terres de l'Europe occidentale est séparée de la grande masse des terres
russes et asiatiques par un étranglement que
déterminent la mer Noire et la mer Baltique
en se rapprochant l'une de l'autre, et cet
étranglement est rendu beaucoup plus étroit
par les cours du Dnieper et de la Dwina,

qui ne laissent l'Occident se rattacher à l'Orient que par l'espèce d'isthme méditerranéen sur lequel se trouve Smolensk. L'*octaédrique d'Hindoë*, qui forme de la mer Noire à la Finlande le contour du petit pentagone, s'approprie la disposition caractéristique que je viens de signaler par le fait même de la position qu'il occupe relativement au Dnieper et à la Dwina.

La position précise de cet *octaédrique* est d'ailleurs jalonnée par une foule d'accidents de détail tous plus ou moins remarquables. Il coupe les deux rives de la mer Rouge, l'une près d'Arkiko et l'autre au S.-O. de Médine, dans deux anfractuosités bien prononcées. Il traverse la vallée du Jourdain au lac de Tibériade, et la côte de Syrie au point c'' dont j'ai déjà signalé la position particulière. Il rase ensuite, à une petite distance, la pointe N.-E. de l'île de Chypre, entre dans l'Asie-Mineure par le golfe de Tarsus, suit pendant longtemps, dans son intérieur, le cours du Kisil-Ermak et en sort par la pointe de Kidros. Il sort de la mer Noire par le fond du golfe où elle reçoit le Dniéper et le Bug, entre dans la masse granitique de l'Ukraine par l'angle qu'elle présente près d'Olviopol, trace en Russie la grande articulation de l'Orient et de l'Occident, traverse la Livonie et l'Estonie parallèlement à la longueur du lac Piepus, traverse le golfe de l'Inlande à l'étranglement qu'il présente près de Reval, passe en Finlande au point T qui y occupe une position remarquable au point de vue topographique, traverse le golfe de Bothnie à l'étranglement qu'il présente près de Vasa, et sort enfin de la Scandinavie par l'*île d'Hindoë*, si remarquable, comme je l'ai déjà dit, par sa position, par sa forme rayonnée et par le concours de plusieurs des cercles qui représentent les systèmes des montagnes de l'Europe occidentale.

L'*octaédrique d'Hindoë* passe aussi par les îles Comores et par les îles Marquises.

L'*octaédrique* H' H'''', que j'appellerai l'*octaédrique de Nijney-Tagilsk*, quoique jalonné d'une manière moins continue que les précédents, l'est aussi, dans quelques parties de son cours, avec une précision singulière. En traversant l'Oural, son intersection avec le diamétral IT qui représente le système presque méridien de l'Oural *construit* la position des mines importantes de *Nijney-Tagilsk*, l'une des capitales minérales de cette grande région métallifère. En parcourant la Russie d'Europe, il coupe plusieurs rivières à des confluents ou à des inflexions remar-

quables. Il passe au point T de la Finlande,
rase, en Suède, le bord septentrional de
la grande masse porphyrique de la Dalé-
carlie, passe au mont Stadjen, traverse, en
Norwége, la masse porphyrique du Jotun-
Field et entre dans la mer du Nord par la
pointe septentrionale de l'ouverture du
Sogne-Fiord.

Dans les parages de l'Écosse, il rase
exactement, à la pointe méridionale des îles
Shetland, le pied du phare de Sumburgh-
head ; range à une petite distance l'île Fair,
les pointes septentrionales des Orcades et l'île
Sule Skerry ; suit exactement la côte si remarquablement rectiligne que présente, du
côté N.-O., la grande île Lewis et en coupe
seulement les caps les plus saillants ; plus
loin, il passe au point T'''' qui tombe dans
la mer sans présenter d'autre circonstance
remarquable que sa position, en quelque
sorte *stratégique*; enfin, après avoir laissé
l'îlot trappéen de Saint-Kilda au sud, à
peu près à la même distance que l'île Sule
Skerry, il pénètre dans l'océan Atlantique
en rasant à quelque distance, le bord S.-E.
de la plate-forme sous-marine, qui supporte l'îlot de Rockall.

Tracé d'après les chiffres du tableau
p. 1041, sur la carte du capitaine Vidal

(*Banks of Soundings*; *Hydrographical office*, 1833), cet *octaédrique* représente évidemment, et avec une remarquable précision, une des grandes lignes de la charpente britannique. L'autre *octaédrique* H H''', qui passe aussi au ppint T'''', forme à cet égard *son pendant*. Ce sont comme les bases de deux combles qui se réunissent sous un angle obtus, dont l'arête saillante repose sur le grand cercle *primitif* qui représente le système de *Thüringerwald*.

Par un motif qu'on verra bientôt, j'appellerai le second *octaédrique* du point T'''', l'*octaédrique du Mulehacen*.

Ce cercle, dirigé à quelques degrés vers l'est du sud, étant construit sur la carte du capitaine Vidal, sur les autres cartes plus récentes de l'*Hydrographical office*, et sur celles du dépôt de la marine, d'après les chiffres du tableau p. 1041, passe dans le groupe d'îlots nommé Hiskere Islands, et parmi les dernières roches qui défendent à l'ouest les côtes de l'île de North Uist; il range ensuite les îlots qui s'élèvent en avant de l'île Bara, et rasant l'angle N.-E. de l'île Mingaly, laisse un peu à l'O. le phare de Bara-head.

De là il résulte que la forme polygonale des hébrides, se trouve exactement encadrée par les deux *octaédriques* qui se croisent au point T''''.

Celui que nous suivons en ce moment aborde la côte septentrionale de l'Irlande par le promontoire de micaschiste qui se termine à la pointe d'Innishowen head, à l'entrée du Longh Foyle. Il traverse ce promontoire en passant dans la dépression qui sépare les deux montagnes appelées *Squires carn* et *Craignamaddy*; il passe ensuite un peu à l'ouest de Dublin, et sort de l'Irlande par sa pointe S.-E. en passant entre le massif granitique du cap Carnsore et le Tuskar Rock, qui s'élève un peu à l'E. comme une sentinelle avancée de ce cap. Tracé avec exactitude sur la belle carte géologique de l'Irlande, publiée par M. Griffith, ce cercle passe par plusieurs points importants sous les rapports géographique et géologique, notamment par la haute montagne granitique couronnée de roches métamorphiques de Lugnaquillo, dans le comté de Wicklow. Il est remarquablement en rapport avec le contour général que présenterait la côte orientale de l'Irlande, si elle était dépouillée des assises de nouveau grès rouge, de lias, de craie et de trapp qui forment le sol du comté d'Antrim.

Continuant son cours dans l'Océan, ce même *octaédrique* rase à de très faibles distances la pointe occidentale du Cornouailles, celle de l'île d'Ouessant et l'extrémité de la chaussée de Sein, prolongation en partie sous-marine de la pointe du Raz.

Il aborde ensuite la côte d'Espagne dans la province de Santander un peu à l'O. du cap Hoyambre, et tracé d'après les chiffres du tableau p. 1041 sur des cartes d'Espagne, et notamment sur la carte géologique de l'Espagne par M. Esquerra del Bayo, publiée dernièrement à Stuttgart par M. Gustave Leonhard. Il coupe la chaîne côtière du nord de l'Espagne au point où elle se brise et où elle commence à perdre en partie le caractère pyrénéen, traverse le massif des montagnes de Guadarama dans son centre entre l'Escurial et le Prado, passe au milieu des roches éruptives de Ciudad-Réal et de Linares, traverse la Sierra-Nevada entre ses deux cimes principales, le Mulehacen et le Veleta, entre dans la Méditerranée par le milieu du massif montagneux qui s'élève entre Motril et Adra, laisse à l'est à une très petite distance, la masse éruptive de l'île d'Alboran, et aborde la côte d'Afrique à la base occidentale du cap Tres Forcas ou Ras-ud-Deir, pointe la plus proéminente et la plus remarquable de la côte du Maroc. Sans coïncider dans toute la péninsule avec aucune crête continue, son cours y est jalonné par une foule de points remarquables, parmi lesquels on peut compter le Mulehacen et l'île d'Alboran, auxquels on peut joindre encore le cap Tres-Forcas ou Raz-ud-Deir sur la côte du Maroc, car il laisse ces trois points à une très petite distance et du même côté, vers l'Est.

Les rencontres que je viens de passer en revue sur le cours des cinq *octaédriques* de l'Europe et celles que j'ai signalées précédemment sur le cours de beaucoup d'autres cercles, sans être toutes d'une précision absolue, lorsqu'on vient à les examiner sur une grande échelle, sont cependant assez voisines de la précision pour mériter d'être discutées les chiffres à la main et en ayant égard à la structure géologique des contrées dans lesquelles elles s'observent. Une pareille discussion, appliquée à tous les points que j'ai mentionnés, dépasserait de beaucoup les limites imposées à cet ouvrage; mais je ne crois pas devoir le terminer sans mettre au moins sous les yeux du lecteur un exemple de ce genre de discussion.

Dans ce but, je vais faire l'*appel aux chiffres* dont j'ai déjà parlé plusieurs fois

pour l'*octaédrique du Mulehacen* ; non que
j'aie des raisons de croire que les rencontres
qu'on y observe soient plus ou moins exactes
que les autres, mais simplement parce qu'il
traverse les côtes de l'Europe occidentale
et que par suite de cette circonstance, j'ai
plus de facilité pour trouver immédiatement les éléments numériques dont j'ai
besoin, dans la *Connaissance des temps* et
dans les excellentes cartes de l'*Hydrographical office*, et du *Dépôt de la marine*, dans
celle de M. Griffith, pour l'Irlande, etc.
D'ailleurs, ayant installé le *réseau pentagonal* d'après l'Etna et le Mouna-Roa, je
crois devoir mettre à l'épreuve de préférence un *octaédrique*, autre que ceux qui se
croisent à l'Etna, ce qui doit me faire ex-
clure l'*octaédrique des Pyrénées* et l'*octaédrique de Trinidad*, et l'on conçoit que,
parmi les trois autres, l'*octaédrique du
Mulehacen* est celui dont je puis contrôler
le cours avec le plus de facilité et de précision. Une circonstance que je suis encore
bien aise de rencontrer dans ce cercle,
c'est qu'il traverse des contrées dont la
géologie n'a été connue jusqu'à ces derniers
temps que d'une manière plus ou moins
incomplète, et auxquelles je n'ai emprunté
que très peu de données dans tout le cours

de cet ouvrage, ce qui tendrait naturellement à rendre plus hasardeuse, et par conséquent plus décisive encore, l'épreuve à
laquelle je soumets la *symétrie pentagonale.*

D'après le tableau de la page 1041, le
point T'''''' où passe l'*octaédrique du Mulehacen*, est situé par lat. 58° 5′ 27″71 N.,
long. 10° 18′ 25″43 O. de Paris, et le
grand cercle *primitif* y est orienté vers le
N. 64° 51′ 32″01 O. De là il résulte que,
l'octaédrique le plus rapproché du méridien
y est orienté lui-même vers le N. 64° 51′
32″ 01 — 54° 44′ 8″ 19 O. = N. 10° 7′
23″ 82 O.

Partant de ces données, j'ai calculé, comme
je l'ai dit p. 1029 et ailleurs, le point où
l'*octaédrique* qui nous occupe coupe perpendiculairement le méridien ; ce point
tombe par 84° 40′ 9″ 24 de lat. N. et 91°
41′ 28″ 82 de long. O. de Paris. D'après
ces bases on peut trouver la position et
l'orientation de l'*octaédrique* pour une latitude ou une longitude donnée par la
résolution d'un seul triangle rectangle. J'ai
d'abord fait le calcul pour les quatre points,
H., a'''', T'''H''', et j'ai retrouvé les chiffres
du tableau p. 1041, avec de petites différences inévitables dans les centièmes et quelquefois dans les dixièmes de seconde. Cela

m'a fourni à la fois une nouvelle vérification des chiffres du tableau p. 1041, et une
vérification des logarithmes des lignes trigonométriques, qui fixent la position de
l'*oclaédrique*, logarithmes qui doivent servir
dans tous les calculs ultérieurs. L'*appareil
numérique* étant monté de cette manière,
je puis suivre le cercle sur la circonférence
entière du globe, avec la certitude que
les fautes qui pourraient m'échapper dans
les calculs ne seraient que des fautes isolées,
relatives seulement au point auquel elles se
rapporteraient, et de pareilles fautes ré-
sistent difficilement à l'épreuve des constructions graphiques.

Je me suis borné pour le moment à suivre
ce cercle, dans l'intervalle dont j'ai parlé
ci-dessus, c'est-à-dire depuis les Îles Hébrides jusqu'à la côte du Maroc, et comme
il se rapproche beaucoup du méridien, j'ai
d'abord déterminé la différence en longitude des points les plus remarquables parmi
ceux près desquels il passe, et des points où
il coupe les parallèles respectifs des premiers; j'ai formé ainsi le tableau suivant :

TABLEAU des positions relatives de l'octaédrique du Mulehacen et des points remarquables près desquels il passe.

	Latitude Nord.	Longitude O. de Paris.	Longitude de l'octaédrique.	Différence.	Orientation de l'octaédrique.
Phare de Barn-Head . . .	56° 47' 43"	9° 56' 24"	9° 55' 6", 47	—0° 5' 17", 85	N. 9° 46' 5", 210.
Pointe d'Innishowen-Head	55 14 10	9 15 48	9 24 49 24	+0 9 1 24	N. 9 22 58 410.
Mont Iver à l'O.-N.-O. de Drogheda).	55 43 06	8 38 22	9 0 49	+0 1 58 49	N. 9 6 24 910.
Observatoire de Dublin.	55 25 15	8 40 56	8 54 10 26	+0 13 54 26	N. » » »
Mont Lugnaquillia. . . .	52 58 5	9 47 22	8 47 53 44	+0 0 13 44	N. 8 52 25 180.
Phare du Tuskar-Rock. .	52 12 9	8 52 45	8 55 55 65	+0 5 8 65	N. 8 45 8 660.
Phare des Longships. . .	50 4 5	8 4 40	8 5 18 99	+0 0 58 99	N. 8 19 20 000.
Haut fond d'Ouessant. .	48 25 12	7 29 53	7 45 6 57	+0 15 51 57	N. 8 2 50 660.
Extrémité occidentale de la chaussée du Sein. .	48 5 50	7 24 40	7 58 56 55	+0 14 16 55	N. 7 39 24 560.
Cime du Mulehacen . . .	57 4 57	5 57 9	5 45 54 61	+0 6 45 61	N. 6 41 15 750.
Ile d'Alboran.	55 56 0	5 21 52	5 55 58 56	+0 12 26 56	N. 6 55 19 950.
Cap Tres-Forcas	55 27 55	5 16 25	5 60 59 62	+0 15 54 62	N. 6 32 59 690.

Au moyen des chiffres contenus dans ce tableau, il est facile de tracer, sur une carte quelconque, la partie du cours de l'*octaédrique* qui avoisine chacun des points qui y sont indiqués ; mais les chiffres de la 4e colonne ne donnent pas une idée précise de la distance à laquelle il passe de chacun de ces points, parce qu'ils expriment cette distance en minutes de *longitude*, toujours plus petites que les minutes du méridien, et d'autant plus petites qu'il s'agit de points plus élevés en latitude.

Pour obvier à cet inconvénient, il faut encore calculer la longueur *a* d'une perpendiculaire abaissée de chaque point sur l'*octaédrique* ; la longueur de cet arc peut être déterminée par les règles ordinaires de la trigonométrie sphérique au moyen des données qui ont servi à calculer le tableau précédent, et de celles même qu'il renferme : je l'ai calculée pour chaque point ainsi qu'on va le voir : d'abord en arc et ensuite en mètres, en supposant, pour la réduction des arcs en mètres, que chaque degré du méridien est égal à 111111m,111.

Chacun des points dont il s'agit de comparer la position au cours de l'*octaédrique* exige, en outre, une discussion spéciale en raison de ce que le *phare*, ou, en général, le point auquel se rapportent la longitude et la latitude, n'est pas toujours le centre de la *position géologique*, qu'il s'agit de comparer au cours de l'*octaédrique*.

Je vais considérer sous ce double point de vue chacun des points mentionnés dans le tableau :

1° *Bara-head*. Le calcul donne, pour la longueur de la perpendiculaire abaissée du phare de Bara-head sur l'*octaédrique*,

$$u = - 0° 1' 46'' 78 = - 3296 \text{ mètres.}$$

J'affecte cette distance du signe — parce que l'*octaédrique* passe à l'est de Bara-Head : je mettrai le signe $+$ quand la relation de position sera inverse.

Bara-Head est la pointe méridionale des Hébrides ; mais si l'on compare sa position à celle de la chaîne formée par ces îles, on voit que Bara-Head en dévie vers l'ouest, de sorte qu'il n'est pas évident que l'octaédrique fût mieux en harmonie avec la structure de la contrée, en passant par Bara-Head même, qu'en suivant sa direction actuelle. En conséquence, dans le tableau qui suivra cette discussion, j'affecterai d'un point de doute (?) la valeur de u relative à Bara-Head.

Pointe d'Innishowen-Head. J'ai rapporté le calcul à la pointe d'Innishowen-Head dont j'ai pris la latitude et la longitude sur les cartes de l'*Hydrographical Office*, et il m'a donné

$$u = + \, 0^\circ \, 5' \, 4'' \, 55 = + \, 9400 \text{ mètres};$$

mais, comme je l'ai déjà remarqué, l'*octaé-drique* traverse la presqu'île d'Iunishowen-Head dans l'intervalle laissé par les deux montagnes de Squires Carn et de Craignamaddy, position tout aussi remarquable et tout aussi bien en rapport avec la structure de la contrée que la pointe elle-même. Il y a donc encore lieu de douter que la valeur de u, donnée par le calcul, soit la mesure d'une irrégularité dans la position de l'*octaédrique*, et, par conséquent, de l'affecter d'un point de doute.

Mont Iver. Le mont Iver est une colline schisteuse de 563 pieds anglais ou 171 mètres de hauteur, qui s'élève à l'O.-N.-O. de Drogheda, et au pied de laquelle viennent pointer au jour quelques masses de roches dioritiques. Cette colline peu élevée n'a, par elle-même, rien de remarquable; mais elle forme la croupe d'un promontoire schisteux qui s'avance entre le bassin carbonifère de Carrickmacross et de Nobber, et la vaste étendue de calcaire carbonifère qui s'étend de Drogheda vers le S.-O. Ce promontoire

formerait lui même une montagne considérable et bien détachée, si le calcaire carbonifère, qui enveloppe sa base de plusieurs
côtés, venait à être enlevé. Cette circonstance donne à la position du mont Iver une
importance particulière dans la structure
stratigraphique de la contrée. J'ai mesuré
sa latitude et sa longitude sur la carte de
M. Griffith, et le calcul m'a donné pour la
valeur de u qui s'y rapporte,

$$u = + 0° 0' 59'' 48 = + 1836 \text{ mètres.}$$

On voit par ce résultat que si l'*octaédrique*
ne passe pas exactement par la cime du mont
Iver, il passe du moins à son pied occidental, et cette position le fait passer en même
temps dans la petite masse dioritique qui
paraît au N.-N.-O de Novan, et au coude
que forment au nord les contours géologiques près Siddan. Il résulte de là qu'il traverse le promontoire schisteux en rasant sa
croupe, et en passant très sensiblement par
deux de ses angles; de sorte qu'il s'adapte
à sa structure géologique avec des circonstances d'une précision vraiment singulière
et d'autant plus remarquable, que si on le
suit depuis la base du mont Iver jusqu'à
l'endroit où il entre en Irlande, entre les
monts Squires-Carn et Craignamaddy près

d'Innishowen-Head, on lui voit faire une suite de rencontres non moins curieuses et non moins précises.

Dublin. Le calcul donne pour la perpendiculaire abaissée de l'observatoire de Dublin sur l'*octaédrique* :

$$u = + 0° 7' 53'' 16 = + 14604 \text{ mètres.}$$

La position de l'observatoire de Dublin n'est pas un point géologique remarquable ; je n'ai fait ce calcul que pour vérifier la construction de ma petite carte (pl. V), qui place Dublin presque exactement sur l'*octaédrique*, ce qui est une légère incorrection.

Mont Lugnaquillo. Le mont Lugnaquillo, formé de granite couronné par un lambeau de roches métamorphiques, est élevé de 3039 pieds anglais ou de 933 mètres. C'est la cime la plus élevée de toute la partie orientale de l'Irlande, et le *jalon géologique* le plus remarquable qu'on puisse y signaler. J'ai mesuré sur la carte géologique de M. Griffith la latitude et la longitude du point qui sert de limite aux districts, et qui m'a paru représenter le centre du Dôme qui couronne la montagne, et j'ai trouvé, d'après ces données,

$$u = + 0° 0' 08'' 04 = + 247 \text{ mètres.}$$

L'*octaédrique* passe donc à 247 mètres à l'O. de la pierre angulaire des limites des districts, et il *coupe* la cime arrondie de la montagne dont la largeur est beaucoup plus grande. En outre, si l'on trace son cours sur la carte, on voit qu'il passe, d'une part, par le promontoire que les roches métamorphiques forment dans le granite près de Blessington, et par le promontoire que les schistes forment dans le calcaire carbonifère près d'Oughterard ; et, d'autre part, par le promontoire élevé de roches métamorphiques de Ballymanus, au-dessus de Sandyford ; ces diverses circonstances, jointes à quelques autres qu'un œil attentif saisira aisément sur la belle carte de M. Griffith, donnent à l'*octaédrique* des rapports d'une minutieuse précision avec la structure orographique et stratigraphique de la contrée.

Tuskar-Rock. Le phare de Tuskar-Rock s'élève sur un rocher isolé dans la mer, qui forme comme la sentinelle avancée du cap Carnsore, pointe S.-E. de l'Irlande. Le cap est formé de granite ; mais la carte de M. Griffith ne fait pas connaître la composition du Tuskar Rock. Le calcul donne pour la perpendiculaire abaissée du Tuskar-Rock sur l'*octaédrique*

$$u = + 0\ 1'\ 54''21 = + 3525 \text{ mètres.}$$

Par conséquent, il passe entre le Tuskar-Rock et le cap Carnsore, de même qu'à son entrée en Irlande il passe entre mont Squires-Carn et le mont Craignamaddy. La distance du cap au phare étant d'environ $6'20''$, le cercle passe plus près du phare que du cap ; mais si l'on examine la configuration de la côte, on verra qu'il passe à des distances très sensiblement égales de la pointe de Greenore et de Tuskar-Rock : de sorte que s'il devait partager en deux parties égales la distance qui sépare la terre ferme du lambeau détaché qui supporte le phare, en marquant, par exemple, une fissure qui aurait déterminé leur séparation initiale, il se trouverait exactement à sa place.

Phare de Longships. Le *Lands-End* du Cornouailles est signalé aux marins par un phare qui ne s'élève pas sur le cap même, mais sur un rocher faisant partie d'un petit groupe de roches qui en forme comme la garde avancée, et qu'on appelle *Longships*. Le calcul donne, pour la longueur de la perpendiculaire abaissée du phare de Longships sur l'*octaédrique*

$$u = + \ 0^n \ 0' \ 24'' \ 80 = + \ 765 \text{ mètres.}$$

Ainsi l'*octaédrique* passe à 765 mètres au large du phare. Les roches des Longships ne

sont pas coloriées sur la feuille 33 de l'or-
dnance Survey. J'ignore si elles sont formées
de granite comme le Lands-End en face duquel elles se trouvent à la distance d'un
mille et 3/8, ou de 2212 mètres vers l'O.
Le Lands-End, battu continuellement par
les vagues de l'Océan, recule tous les ans
d'une certaine quantité, comme le font
toutes les falaises et surtout les caps. Il ne
serait pas impossible que les Longships mar-
quassent son extension originaire. Les dernières roches des Longships s'avancent à
environ 200 mètres à l'O. du phare, et par
conséquent l'octaédrique n'en est éloigné
que de 565 mètres : reste à savoir si les
plus extrêmes de ces roches n'ont pas été
démolies elles-mêmes par la mer. Quoi qu'il
en soit de ces conjectures, on voit que, dans
tous les cas, l'octaédrique passe à une très
petite distance de la position originaire de la
pointe extrême des Cornouailles.

Haut fond d'Ouessant. Les pointes de la
Bretagne sont prolongées dans l'Océan par
de nombreux rochers et par des îles dont
la plus grande est l'île d'Ouessant. Les plus
avancées vers l'ouest de ces dernières saillies
du continent sont le haut fond d'Ouessant
et l'extrémité occidentale de la chaussée de
Sein.

Suivant les belles cartes publiées au dépôt de la Marine, d'après les levés de M. Beautemps-Beaupré, et des ingénieurs sous ses ordres, le haut fond d'Ouessant est allongé dans la direction du N. N.-O. au S. S.-E., c'est-à-dire presque parallèlement au cours de notre *octaédrique*, et il se présente comme une sorte de digue au-delà de laquelle les profondeurs indiquées par les chiffres de sonde augmentent notablement. Il semble donc indiquer assez nettement la terminaison de la Bretagne.

J'ai mesuré la latitude et la longitude du milieu de ce haut fond sur la belle carte de M. Beautemps-Beaupré, et, d'après ces données, j'ai trouvé, pour la longueur de la perpendiculaire abaissée de ce point sur l'*octaédrique*,

$$u = + \, 0^\circ 8' 53'' 64 = + \, 16470 \text{ mètres}.$$

Extrémité orientale de la chaussée de Sein. — J'ai mesuré de même la latitude et la longitude de l'extrémité occidentale de la chaussée de Sein, sur les cartes de M. Beautemps-Beaupré, où elle est admirablement figurée, et où la nature rocheuse de sa partie sous-marine se décèle par les directions rectilignes qui s'y dessinent, et dans lesquelles on peut reconnaître

celles de plusieurs systèmes de montagnes.
D'après ces données, j'ai trouvé, pour la
longueur de la perpendiculaire abaissée sur
l'*octaédrique*,

$$u = + \ 0° \ 9' \ 20'' 92 = + 17311 \ \text{mètres.}$$

Cette distance, de même que celle trouvée
pour le haut fond d'Ouessant, est plus considérable, comme on voit, que celles que nous
avons trouvées pour les points remarquables
de l'Irlande que nous avons comparés à
l'*octaédrique* ; mais il est à remarquer
qu'elles sont presque égales entre elles, ce
qui conduirait à penser que les pointes de
la Bretagne sont tronquées par une ligne
parallèle à l'*octaédrique*. Peut-être aussi cet
écart vers l'est est-il l'effet d'un *rejet* analogue à ceux qu'on observe dans les filons.

Peut-être enfin n'est-ce qu'une simple
irrégularité qui, en elle-même, ne serait
pas très grande ; car, au point de vue géologique, une distance de 17,000 mètres est
encore assez peu considérable. C'est à peu
près le tiers de l'épaisseur de l'écorce terrestre, et, dans un pli d'une feuille de tôle
ou de carton, on regarderait sans doute
comme peu considérable une irrégularité qui
ne dépasserait pas le tiers de l'épaisseur,
ou même l'épaisseur totale de la feuille.

Cime du Mulehacen. D'après M. Leplay (1) et M. Haussmann (2), les deux
cimes les plus élevées de Sierra-Navada, du
royaume de Grenade, sont :

Pieds de Paris

La *Cumbre du Mulchacen,* 11105 $=$ 3607 m.
Et le *Picacho de Veleta,* 10841 $=$ 3522 m.

L'Annuaire du bureau des longitudes at-
tribue au Mulchacen une hauteur de 3,555
mètres seulement, ce qui suffit pour en
faire la cime la plus élevée de toute la partie de l'Europe qui se trouve à l'ouest du
méridien de Grenoble.

D'après M. Leplay et M. Haussmann, le
Mulchacen, le Veleta, et toute la partie centrale et la plus élevée de la Sierra-Nevada,
sont formés de micaschiste grenatifère.
Ces deux savants géologues, si connus par
l'étendue de leurs voyages, n'y ont pas
trouvé de granite ni d'autres grandes masses
de roches éruptives, et M. d'Esquerra del
Bayo n'en figure pas non plus sur sa carte
géologique. M. Haussmann décrit avec autant de lucidité que de précision la partie

(1) Leplay, *Observations sur l'histoire naturelle et la ri-
chesse minérale de l'Espagne. — Annales des mines,* 1834.
(2) J.-P.-L Haussmann, *Ueber das gebirgs system der
Sierra Nevada,* Gœttingue, 1842.

centrale de la Sierra-Nevada comme ayant
la forme d'une voûte allongée rompue dans
sa partie centrale, et de laquelle se détachent les cimes du Mulehacen et du Veleta.
Ces deux cimes rivales, situées à environ
10 à 12 minutes de distance, sont réellement deux pointes d'une même masse dont
la base est beaucoup plus large que l'intervalle qui les sépare. J'ai pris la latitude et
la longitude du Mulehacen sur une carte
d'Espagne, où les deux cimes (celle du Mulehacen et celle du Veleta) sont très nettement figurées, et, d'après ces données, j'ai
trouvé, pour la longueur de la perpendiculaire abaissée du Mulehacen sur *l'octaédrique,*

$$u = + \ 0^\wedge 5' \ 21'',83 = + \ 9,933 \ \text{mètres.}$$

Si j'avais fait le calcul pour le Veleta,
j'aurais trouvé une quantité à peu près
égale, mais affectée du signe contraire.
L'octaédrique passe donc entre les deux
cimes et à des distances peu différentes de
l'une et de l'autre. On peut conclure de là
qu'il passe, à très peu de chose près, par le
milieu de leur base commune. On peut dire
d'après cela, que s'il ne passe pas, à proprement parler, par la cime du Mulehacen,
il passe par le milieu de sa masse. On peut

donc l'appeler l'*octaédrique du Mulchacen*,
mais on pourrait l'appeler à aussi juste titre
l'*octaédrique du Veleta*. Il traverse leur base
commune avec autant de précision qu'il traverse le dôme du Lugnaquillo ; mais comme
le Lugnaquillo n'a qu'une seule cime, la
coïncidence est plus sensible, et s'il pouvait
rivaliser avec le Mulehacen, il fournirait un
moyen de désignation plus net. Quoi qu'il
en soit, on voit que la valeur de u que
nous venons de trouver pour le Mulehacen
n'est pas la mesure d'une irrégularité dans
la position de l'*octaédrique*, et qu'elle ne
pourra figurer qu'avec un point de doute
dans le tableau récapitulatif.

Ile d'Alboran. J'ai pris la latitude et la
longitude de l'île d'Alboran dans la *Connaissance des temps*, mais je ne sais
pas à quel point de l'île elles se rapportent.
Le calcul donne pour la longueur de la
perpendiculaire abaissée de ce point (quel
qu'il soit) sur l'*octaédrique* :

$$u = + 0° 10' 14'',53 = + 18,967 \text{ mètres.}$$

L'île étant très petite, il est évident que
l'*octaédrique* la laisse à l'est ; mais comme
cette île s'élève dans une partie de la Méditerranée qui est généralement très profonde, elle n'est réellement que la cime

d'une assez haute montagne en partie sous-marine, et il n'est pas certain que l'*octaédrique* passe en dehors de sa base. On remarque en outre, sur les cartes du *Dépôt de la marine* et de l'*Hydrographical-office*, qu'il existe à environ un demi-degré à l'est de l'île d'Alboran un haut-fond allongé de l'est à l'ouest. Cette circonstance pourrait porter à penser que l'île n'est que le piton le plus saillant d'une chaîne sous-marine qui s'étend sur une longueur plus ou moins grande, dans cette partie de la Méditerranée. D'après les allures ordinaires des cercles du *réseau pentagonal*, l'*octaédrique* pourrait fort bien marquer la terminaison occidentale de cette chaîne qui ne se prolonge pas jusqu'au détroit de Gibraltar. Ce n'est là certainement qu'une simple conjecture, mais on pourrait l'appuyer sur d'autres considérations encore, et elle suffit pour faire concevoir qu'il serait hasardé de considérer la valeur de u trouvée pour l'île d'Alboran comme la mesure certaine d'une irrégularité.

Cap Tres-Forcas. La latitude et la longitude données par la *Connaissance des temps* pour le cap Tres-Forcas se rapportent sans doute à la pointe la plus avancée de ce cap, qui est la saillie la plus considérable que présente toute la côte du Maroc. Le calcul donne pour la longueur de la perpendiculaire abaissée de ce point sur l'*octaédrique* :

$$u = + 0° 11' 1'', 35 = + 20,888 \text{ mètres.}$$

Cette valeur est la plus considérable de toutes celles que nous avons trouvées jusqu'à présent, et elle montre que l'*octaédrique* passe à une distance assez notable de la pointe du cap Tres-Forcas. Mais si l'on construit l'octaédrique sur la carte de l'*Hydrographical office*, on verra qu'il aborde la côte du Maroc à la base occidentale du cap, et qu'il traverse ou qu'il rase la masse du mont Caramu qui en forme le noyau ; circonstance analogue à celle que j'ai déjà signalée pour Innishowen-Head en Irlande, et qui montre qu'il n'est pas certain qu'il y ait là non plus aucune irrégularité.

En résumé, la discussion que je viens d'esquisser rapidement a roulé sur le sens et l'importance à attribuer aux longueurs des perpendiculaires abaissées de différents points sur l'*octaédrique*. Ces valeurs sont réunies dans le tableau suivant :

Tableau des longueurs des perpendiculaires abaissées de différents points sur l'octaédrique du Mulehacen.

mètres

1. Phare de Bara-
   Head. . . . . . $u = -0° \; 1' \; 46'',78 = 3,296\,?$
2. Phare de Innis-
   howen-Head. . $u = +0 \quad 3 \quad 4 \quad 55 = 9,400\,?$
3. Mont Iver. . . . $u = +0 \quad 0 \quad 59 \quad 48 = 1,836$
4. Mont Lugnaquillo. $u = +0 \quad 0 \quad 8 \quad 01 = \quad 156$
5. Phare du Tuskar-
   Rock. . . . . . $u = +0 \quad 1 \quad 34 \quad 21 = 3,325$
6. Phare des Long-
   ships. . . . . . $u = +0 \quad 0 \quad 24 \quad 80 = \quad 765$
7. Haut-Fond d'Oues-
   sant. . . . . . . $u = +0 \quad 8 \quad 55 \quad 64 = 16,470$
8. Extr. occid. de la
   chaussée de Sein. $u = +0 \quad 9 \quad 20 \quad 92 = 17,511$
9. Mulehacen. . . . $u = +0 \quad 5 \quad 21 \quad 85 = 9,933\,?$
10. Ile d'Alboran. . $u = +0 \quad 10 \quad 14 \quad 53 = 18,967\,?$
11. Cap Tres Forcas. $u = +0 \quad 11 \quad 1 \quad 35 = 20,888\,?$

La discussion a montré que presque tous ces chiffres sont susceptibles de réduction, que quelques uns même d'entre eux devraient être complétement écartés ; mais elle resterait incomplète si nous ne cherchions pas à apprécier l'importance que ces chiffres peuvent avoir, soit après les réductions qu'ils paraissent devoir subir, soit même avec les *valeurs brutes* que le calcul nous a données.

Ces *valeurs brutes* elles mêmes peuvent être considérées comme étant assez peu considérables au point de vue géologique. Indépendamment de ce qui est dit à ce sujet, p. 1180, l'écorce terrestre peut être comparée jusqu'à un certain point a un tissu dont les masses stratifiées représenteraient la *chaîne*, et dont les masses non stratifiées figureraient la *trame*. Elle peut être comparée aussi à une mosaïque dont les masses de diverse nature qui constituent le sol seraient les éléments. Sans être d'une exactitude rigoureuse, ces comparaisons peuvent aider à concevoir quel est le degré de précision qu'on peut s'attendre à rencontrer dans le dessin de l'écorce terrestre. Il est évident qu'une étoffe ou une broderie faite avec les *câbles* ne pourrait présenter des dessins aussi réguliers, dans leurs détails, que si elle était faite avec des fils de lin ou de soie du numéro le plus fin. Il en serait de même d'une mosaïque formée de grosses pierres, comparée à une autre qui serait composée de grains de verre. On conçoit donc que la grosseur des éléments du tissu ou de la mosaïque terrestre est la base dont il convient de partir pour apprécier le degré de régularité qu'on peut y rechercher, et qu'un tableau de la grosseur d'un

certain nombre de ces éléments est le dia-
pazon naturel auquel les chiffres du tableau
qui précède peuvent être comparés. Dans ce
but je place ici sous les yeux du lecteur un
tableau des *diamètres minimum* d'un certain
nombre de masses minérales qui, sans se
faire remarquer sur les cartes géologiques
par leur étendue, jouent cependant chacune un rôle important dans la structure
des contrées où elles se trouvent.

	Diam. minimum en mètres.
Masse de granite de l'île d'Ouessant,	1,600 à 2,500
Masse de granite du cap Carnsore, environ	4,000
Masse de syénite du Ballon d'Alsace, environ	5,000
Masse d'euphotide du mont Genèvre. . . .	6,000
Masse de granite du Lands-End.	7,000
Masse de roches primitives du mont Viso. .	7,000
Masse de granite de la Lozère.	10,000
Gibbosité centrale de l'Etna.	10,000
Masse de roches primitives du Mont-Blanc.	11,000
Masse de granite de Bodmin-Moor (Cor- nouailles)	12,000
Masse de granite du Lugnaquillo (Irlande).	13,000
Massif du Mont-Dore (entre le Chambon et la Tour-d'Auvergne).	15,000
Masse de granite du Dartmour (Cornouailles)	16,000
Masse de granite de l'Oisans.	25 à 30,000
Massif du Cantal (de Murat à Polminhac). .	50,000
ÉPAISSEUR ACTUELLE DE L'ÉCORCE TER- RESTRE, probablement.	40 à 50,000

En comparant ce tableau au précédent, on voit que les *valeurs brutes* de *u* sont du même ordre de grandeur que les *diamètres minimum* d'un grand nombre de pièces relativement assez peu étendues de l'écorce terrestre, d'où l'on doit conclure que les irrégularités du dessin de la mosaïque terrestre dont elles peuvent être les indices ne sont pas très importantes.

On peut remarquer en outre que le mètre étant la *dix millionième* partie du quart du méridien, des éléments de 10,000, de 20,000, de 30,000 mètres de largeur, ne représentent qu'un, deux ou trois millièmes de la distance du pôle à l'équateur. Une mosaïque grande comme la terre et formée de pareils éléments, avec des irrégularités proportionnées, peut être aussi régulière que les mosaïques les plus remarquables par la précision de leurs dessins, car il y en a peu, sans doute, qui, sur une étendue d'un mètre en carré, ne présentent des irrégularités de 1, 2 ou 3 millimètres, c'est-à-dire égales au diamètre des éléments de la plupart des mosaïques de cette grandeur.

Mais je donnerai peut-être au lecteur une idée plus sensible encore du degré d'importance qui peut être attribué aux valeurs de *u* consignées dans la colonne ci-dessus, en met-

tant sous ses yeux les mesures suivantes
prises sur un plan de Paris :

	Mètres.
La longueur du jardin des Tuileries est d'environ.	700
La longueur du champ de Mars, d'environ.	1,000
La distance de l'Observatoire à la tour de Saint Jacques de la Boucherie, centre approximatif de Paris, d'environ. . . .	2,700
La distance de la place de la Concorde à la colonne de Juillet, d'environ	3,800
— de l'Observatoire à la barrière de la Villette.	6,000
— de la barrière de l'Étoile à la barrière du Trône.	9,500
Le diamètre de l'enceinte fortifiée continue, de Vaugirard aux Prés Saint-Gervais, de	9,000
— de Passy à Belleville, de	11,000
La distance du mont Valérien au fort de Nogent-sur-Marne, près de Vincennes, de. .	20,000

Cette dernière distance est à peu près
égale à celle de la pointe du Mulhacen à
la pointe du Veleta : pointes entre lesquelles notre *octaédrique* passe à des distances à peu près égales. Toutes les *valeurs
brutes* de *u* que contient le tableau ci-dessus sont du même ordre de grandeur que
celles que je viens de mesurer dans l'intérieur de Paris et dans ses environs.
Lorsque l'on prend la latitude et la longitude de l'Observatoire pour représenter

celles de Paris, on fait abstraction d'une distance de 2,700 mètres, s'il s'agit du centre de la ville, et d'une distance qui peut aller à 6,000, et même à 12 ou 15,000 mètres, s'il s'agit de tel ou tel autre point de la ville ou de la banlieue. Or, il est certain qu'à moins qu'il ne s'agisse d'*opérations géodésiques*, on fait très rarement la correction, ce qui montre qu'on s'accorde implicitement pour regarder une distance de 12 à 15,000 mètres comme peu importante au point de vue géographique.

Il me paraît fort probable qu'en géologie, lorsque nous discutons les réductions à faire subir à des quantités de cet ordre de grandeur, nous touchons presque aux limites de la précision qu'il est possible d'atteindre dans l'étude de la structure de l'écorce terrestre. La discussion en devient d'autant plus incertaine et plus délicate, et il se passera sans doute beaucoup de temps avant qu'on puisse la pousser à ses dernières limites. La géologie est probablement appelée à devenir une science assez *exacte* pour qu'*un myriamètre* n'y paraisse pas négligeable; mais lorsqu'on ne peut procéder que par des approximations successives, la précision complète est comme une *asymptote* dont on ne peut approcher qu'avec lenteur.

Quoi qu'il en soit, il est à remarquer que toutes les positions géographiques auxquelles se rapportent les valeurs de u, consignées dans le tableau ci-dessus, sont comprises dans une bande de terrain très étroite par rapport à sa longueur, qui est d'environ 23 degrés, ou de près de 2,600,000 mètres. Ces positions géographiques appartiennent chacune à un groupe d'accidents de l'écorce terrestre dont, généralement parlant, elles ne sont pas le point géologique le plus caractéristique. La discussion a montré que, pour se rapporter dans chaque cas au *point géologique* le plus convenable, la plupart d'entre elles devraient être diminuées. Par conséquent, les *points géologiques* sont compris dans une bande de terrain plus étroite encore que les positions géographiques relativement auxquelles le calcul a été effectué. Ces *points géologiques* approchent donc beaucoup d'être exactement alignés.

Une chose essentielle à observer relativement aux alignements que présentent des masses de roches, c'est que quelquefois le point aligné est leur centre, quelquefois leur point culminant lorsqu'elles en ont un bien marqué, comme le Lugnaquillo, et quelque-

fois une de leurs extrémités, comme le cap
Carnsore, le *Lands-end* et très probablement
aussi l'île d'Alboran, en offrent des exemples manifestes. On ne pourrait pas toujours le prédire d'avance; mais on voit, par
le fait, quels sont les points qui s'alignent
avec d'autres, comme on voit dans un quinconce quels sont les arbres qui s'alignent
entre eux.

Les *points géologiques* que j'ai considérés
sont tous des points remarquables dans la
structure de l'Europe occidentale. Si l'on pla-
çait sur tous les points des îles Britanniques,
de la France et de l'Espagne, des signaux pro-
portionnés à leur importance géographique
ou stratigraphique, tous ces points porte-
raient des *signaux du premier ordre;* et si
la terre était plane, si la portée de la vue
pouvait s'étendre des Hébrides au Maroc,
ces signaux paraîtraient alignés presque
aussi régulièrement que les arbres d'une
avenue lorsqu'ils ont grossi et subi le choc
des vents; or il ne faut pas oublier que les
points géologiques du globe entier ont subi
le choc de nombreuses révolutions qui ont
ébranlé leurs fondements.

Une régularité aussi approximative dans
l'alignement d'une pareille série de points
constitue déjà par elle-même un fait cu-

rieux ; mais il est plus remarquable encore de voir que l'un des DIX *octaédriques* du *réseau pentagonal* s'adapte de lui-même à la ligne ainsi jalonnée. Il est probable, toutefois, que, pour représenter cette ligne aussi exactement que possible, l'*octaédrique du Mulehacen* devrait subir un léger déplacement, ce qui exigerait une correction dans l'installation *provisoire* actuelle du *réseau pentagonal*.

En effet, malgré les remarques qui m'ont porté à conclure que presque toutes les valeurs de u que le calcul nous a données devraient subir une réduction pour être amenées à représenter exactement la distance de l'*octaédrique* au *point géologique* auquel chacune d'elles se rapporte virtuellement, il est impossible de ne pas être frappé de ce fait que, dans le tableau précédent, presque toutes les valeurs de u sont affectées du signe $+$. Cela doit porter à présumer que, toute réduction faite, elles seraient encore généralement positives, de sorte que l'*octaédrique du Mulehacen* se trouverait généralement un peu trop à l'ouest dans toutes les contrées où nous l'avons suivi, d'où il résulterait que le pentagone européen devrait être reporté un peu à l'est, en entraînant tout le réseau avec lui.

Un pareil résultat n'aurait rien qui

dût nous surprendre. Lorsque je me suis décidé (p. 1027) à courir la chance d'opérer l'installation *provisoire* du *réseau pentagonal*, d'après l'arc Etna — Mouna-Roa, de préférence à tout autre, j'ai pris *sans discussion*, dans la *Connaissance des temps*, la latitude et la longitude de l'Etna. Or cette latitude et cette longitude se rapportent au point du bord du cratère qui était le plus élevé à l'époque où les observations astronomiques ont été faites, et ce point, qui n'existe plus, parce qu'il s'est abîmé dans le foyer volcanique, n'a rien d'essentiel pour notre objet. Peut-être le point où il conviendrait le mieux de placer le point T″ du réseau ne serait-il pas l'un des bords du cratère, mais son centre. Peut-être aussi serait-ce le milieu de la gibbosité centrale qui est situé à 3 ou 4 minutes *plus à l'est*, ou bien encore tel ou tel autre point du massif? Il est difficile de le décider *à priori*; mais on pourra l'apprendre en discutant en détail, et d'après un grand nombre de points, l'installation du réseau.

La position du point que j'ai placé à la cime du Mouna-Roa n'est pas plus à l'abri d'une discussion et d'une correction ultérieures que celle du point que j'ai placé dans ce premier essai à la cime de l'Etna. C'est ainsi qu'après avoir calé provisoirement un instrument, on parvient à rectifier définitivement sa position par une série souvent très longue de *mouvements micrométriques.*

Je reviendrai plus tard sur la marche à suivre pour effectuer ces corrections ; mais je ferai encore remarquer ici que la série formée par les *valeurs brutes* de *u* pourrait conduire aussi à l'idée d'une seconde correction. Les plus grandes valeurs de *u* se rapportent aux points les plus méridionaux de l'arc d'*octaédrique* que nous avons suivi, et cette circonstance pourrait s'interpréter de deux manières : 1° On pourrait dire que les points voisins de la Méditerranée sont ceux où les soulèvements modernes se sont fait sentir avec le plus d'intensité, et que ces derniers soulèvements ont pu donner lieu à des irrégularités plus grandes que leurs devanciers, d'une part parce qu'ils se sont effectués sur un terrain déjà bouleversé à diverses reprises, et de l'autre parce qu'ils ont eu lieu à une époque où l'écorce terrestre était plus épaisse, et où ses plis et ses brisures devaient donner des résultats plus grossiers. 2° On pourrait admettre simplement que l'installation *provisoire du réseau pentagonal* aurait à subir non seulement la correction par translation dont je viens de parler, mais

encore une correction par rotation, qui
écarterait légèrement du méridien le grand
cercle de comparaison du *Système du Ténare*,
ce qui serait conforme à l'indication que
nous a déjà fournie, p. 1027, l'*octaédrique*
de Trinidad.

Il faudrait avoir des résultats numériques beaucoup plus nombreux pour pouvoir
statuer à cet égard quelque chose de précis.

Je ne ferai plus qu'une dernière remarque
sur la position des points remarquables que
nous avons rencontrés en suivant le cours
de l'*octaédrique de Mulehacen* : c'est que la
position approximative de plusieurs des
nœuds principaux de cette espèce de chapelet est *construite* sur l'*octaédrique* par la
rencontre des autres cercles du réseau tracés
sur la carte pl. V. Ainsi la position du mont
Iver est *construite* sur l'*octaédrique* par l'intersection du *diamétral dodécaédrique* qui
passe près de l'angle N.-O. de l'Irlande;
celle du mont Lugnaquillo, par le cercle
auxiliaire qui représente le *Système des*
Ballons ; celle du *Tuskar - rock* près du
cap Carnsore, par le représentant du *Sys-*
tème du Morbihan ; celle du phare de Longships (*Lands-end*), par le *primitif* DH'''' ;
celle du massif de Guadarama, par le représentant du *Système de la Côte-d'Or ;* celle

du Mulehacen, par le représentant du *Système du Longmynd*, et celle de l'*île d'Alboran* par le *diamétral dodécaédrique* qui
passe près de l'embouchure de la Gambie,
et en même temps par le *trapézoédrique* Tb
qui va de l'Etna à l'île de Porto-Santo.

Pour pouvoir parler pertinemment de
l'exactitude avec laquelle ces *constructions*
s'effectuent, il faudrait en appeler aux chiffres, et pour cela il faudrait calculer la
longueur u de la perpendiculaire abaissée de
chacun des points dont je viens de parler
sur le second cercle qui est censé y passer,
comme nous l'avons déjà fait pour l'*octaédrique*. Il faudrait pour cela montrer
l'appareil numérique de ce cercle, comme
je l'ai fait pour l'*octaédrique du Mulehacen*
et pour plusieurs autres cercles du réseau.
Je regrette que l'opération soit trop longue
pour que le résultat puisse en être placé ici.
Mais comme j'ai déjà monté l'appareil numérique du *primitif* DH''' pour calculer le
tableau de la page 1041, je puis m'en servir pour discuter ici, dès à présent, la construction du *Lands-end*.

Cette construction, considérée comme
résultant de l'intersection de l'*octaédrique
du Mulehacen* avec le *primitif* DH'''', n'est
que grossièrement approximative; car tout

en désignant ce *primitif* par le nom de *Lands-end—Apscheron*, j'ai eu soin de faire observer qu'il passe au nord de ces deux points, et j'ai remarqué, p. 1059, que le point a''', intersection du *primitif* et de l'*octaédrique*, tombe à 21 minutes environ au nord du *Lands-end*. Le calcul donne pour la longueur de la perpendiculaire abaissée du phare de Longships (près du *Lands-end*) sur le *primitif* DH''',

$$u = 0° 21' 59'' = 40710^m.$$

Mais on se tromperait, je crois, si l'on prenait cette distance de quatre myriamètres pour la mesure de l'irrégularité dont peut être affectée la position du phare de Longships.

Une perpendiculaire à l'*octaédrique du Mulehacen*, menée par le phare de Longships, passe, à très peu près, non seulement par le *Lands-end*, mais encore par la pointe de Saint-Antoine à l'entrée du havre de Falmouth, par le rocher sur lequel s'élève le phare d'Eddistone, par la limite septentrionale des roches chloritiques de Start-point, et prolongée plus à l'est, elle rase à une petite distance la pointe méridionale de l'île de Wight et le promontoire de Beachy-Head. Cette ligne, qui est sensiblement parallèle au *primitif* DH''', dont j'ai signalé précédemment,

p. 1064, la position géologique remarquable
dans le Cornouailles et le Devonshire, dessine, de son côté, une des lignes géologiques
du midi de l'Angleterre. La position du
phare de Longships correspond à son intersection avec l'*octaédrique*, et elle y correspond
très exactement. Il y a là deux lignes géologiques parallèles en échelon, de même que dans
les cristaux de quartz, par exemple, il existe
souvent des faces parallèles en échelon qui
donnent naissance à des stries. C'est seulement lorsqu'on fait abstraction de la distance
de ces deux lignes, que le *Lands-end* paraît
n'être construit que d'une manière grossière.
Dans la réalité, la position du phare de
Longships est construite par l'*octaédrique*
du Mulehacen et par la parallèle au *primitif* DH''', avec une précision à peu près égale
de part et d'autre.

Les pointes de la Bretagne nous ont conduit ci-dessus à un résultat analogue relativement à l'*octaédrique* auquel nous avons
comparé leur position, et nous ont fourni
ainsi un autre exemple de l'emploi d'une
parallèle dans ces sortes de constructions.
L'usage continuel que nous avons été conduits à faire de parallèles aux grands cercles
de comparaison pour représenter les axes
des chaînons de montagnes, doit porter à

croire qu'on aurait aussi à en faire un emploi fréquent pour la construction des points dont la position est fixée par le réseau pentagonal. Cette circonstance tend nécessairement à compliquer la discussion des points du *quinconce pentagonal* en y introduisant des points accessoires qu'on pourrait appeler *points du second ordre*, mais elle tend aussi à multiplier et à rendre plus précis ses rapports avec la structure stratigraphique de l'écorce terrestre.

Les différents cercles qui *construisent*, et qui, probablement, construisent directement, d'une manière à peu près exacte, les autres points que j'ai cités sur l'*octaédrique du Mulehacen*, ont chacun, ainsi qu'on l'a vu précédemment, un chapelet de points remarquables, et beaucoup de ces points y sont placés à l'intersection d'un autre cercle. Les points *construits* de cette manière constituent ce que j'ai appelé proprement, p. 1021, le *quinconce pentagonal*. Le calcul des deux valeurs de *u* relatives à chacun de ces points, joint à la discussion de ces valeurs, constituera, on le conçoit, un travail fort long, mais qui fournira ample matière pour contrôler l'installation *provisoire* actuelle du *réseau pentagonal*, et pour la perfectionner ultérieurement.

101

Parmi les valeurs de u que j'ai données dans le tableau ci-dessus, p. 1186, il en est un certain nombre pour lesquelles la discussion n'a pas indiqué de réduction considérable. J'en ai encore donné ou indiqué quelques autres dans le cours de cet ouvrage, qui sont à peu près dans le même cas : ainsi les grands cercles qui représentent le *Système du Ténare*, *l'axe volcanique de la Méditerranée*, le *Système des Pyrénées* et le *Système du Morbihan*, passant par le point T″, qui est placé à la cime de l'Etna, la perpendiculaire abaissée sur chacun d'eux, de la cime de l'Etna, se réduit à zéro. Il en est de même de la perpendiculaire abaissée de la cime du Mouna-Roa sur le cercle qui représente le *Système du Ténare*. La perpendiculaire abaissée du pic des Açores sur le cercle qui représente le *Système du Tatra* a pour valeur, p. 1100 :

$$u = 0° 3' 11'',16 = 5920^m.$$

La perpendiculaire abaissée du pic de Ténériffe, sur le cercle qui représente l'axe volcanique de la Méditerranée, a pour valeur

$$u = 0° 3' 46'',41 = 6988^m.$$

Ces valeurs, réunies dans le tableau suivant, peuvent déjà donner une idée du degré de précision de l'installation *provisoire* actuelle du *réseau pentagonal*.

Tableau des perpendiculaires abaissées de différents points sur des cercles du réseau pentagonal qui devraient y passer.

			Mètres.
Cime de l'Etna. Ténare.	$u =$	0° 0' 0",00 =	0
—— Axe volcanique	$u =$	0 0 0 00 =	0
—— Pyrénées.	$u =$	0 0 0 00 =	0
—— Morbihan.	$u =$	0 0 0 00 =	0
Cime du Mouna-Roa. Ténare.	$u =$	0 0 0 00 =	0
Cime du pic de Ténériffe. Axe volcanique.	$u =$	0 5 46 41 =	6,988
Cime du pic des Açores. Tatra.	$u =$	0 5 11 16 =	5,920
Cime du mont Lugnaquillo. Octaédrique du Mulchacen	$u =$	0 0 8 04 =	.247
Cime du mont Iver. id.	$u =$	0 59 48 =	1,856
Phare du Tuskar-rock. id.	$u =$	0 1 54 21 =	5,525
Phare des Longships. id.	$u =$	0 0 24 80 =	765
Phare du Bara-Head. id.	$u =$	0 1 46 78 =	5,296

Lorsqu'on aura multiplié davantage ces valeurs, lorsqu'on en aura calculé et discuté, par exemple, une centaine, on pourra commencer à voir à peu près jusqu'à quel point l'installation *provisoire* actuelle du *réseau pentagonal* réali-e ce que je croyais pouvoir annoncer l'année dernière dans une note lue à l'Académie des sciences, que peut-être il ne se passerait pas un grand nombre d'années avant que le réseau fût fixé, non pas avec la précision des secondes, mais déjà avec la précision des degrés et même avec celle des dizaines de minutes (1).

Avant de quitter tout à fait la carte pl. V, j'appellerai encore l'attention du lecteur sur une dernière circonstance qui, dans son examen, ne peut manquer de frapper un œil attentif : c'est qu'une foule de grandes villes se trouvent sur les cercles du *réseau pentagonal* ou dans leur voisinage immédiat, et souvent près de leurs croisements. Paris, Strasbourg, Zurich, Marseille, Bordeaux, Montpellier, Lisbonne, Madrid, Barcelone, Burgos, Valence, Séville, Turin, Modène, Florence, Rome, Naples, Messine, Palerme, Tunis, Alger, Tripoli, le Caire, Antioche, Bagdad, Bassorah, Ispahan, Teheran, Tauris, Trébisonde, Sinope, Smyrne, Odessa,

(1) *Comptes rendus*, t. XXX, p. 337 (9 septembre 1850).

Kiew, Saint-Pétersbourg, Moscou, Cathe-
rinenbourg, Bruxelles, Amsterdam, Berlin,
Dresde, Prague, Hambourg, Kœnigsberg,
Stockholm, Christiania, Liverpool, Man-
chester, Birmingham, Bristol, Dublin, etc.,
sont dans ce cas. La ville de San-Francisco,
en Californie, sœur cadette des autres capitales, n'échappe pas complétement à cette
loi, ainsi qu'on peut en juger par ce qui a
été dit ci-dessus, page 1121.

On pourrait dire que le nombre des
cercles du réseau étant très grand, de pareilles rencontres n'ont rien de surpre-
nant. Mais on doit remarquer qu'il y a
beaucoup d'espace blanc sur la carte à côté
des cercles qui ont été gravés comme jouant
un rôle plus ou moins important dans la
structure de l'Europe, et que ce n'est pas là
que les villes ont *grandi* de préférence.
Leurs positions ne se rapprochent pas aussi
habituellement des méridiens et des parallèles tracés de 5 en 5 degrés, que des cercles
du *réseau pentagonal.* Cela provient de ce que
le *phénomène* de l'agrandissement progressif des villes a tenu en partie aux avantages
naturels de certaines positions géographiques, avantages qui résultaient eux-mêmes
de certaines conditions géologiques ; et l'on
comprendra que les cercles du *réseau pen-*

tagonal, en passant près des grandes villes,
ne font que vérifier, à leur manière, le sens
profond des paroles où M. de Humboldt si-
gnale les avantages que les *terres articulées*
de la Grèce ont présentés pour les premiers
développements de la civilisation.

Au sujet de la rencontre de divers points
géographiques remarquables par les cercles du
réseau, on m'a de même objecté que comme
un cercle tracé sur la sphère terrestre passe
nécessairement quelque part, il n'est pas étonnant que je puisse citer quelques points sur
le cours de chacun des cercles que j'adopte.
A cela je répondrai que de même qu'en-géo-
graphie, on distingue des terres inhabitées,
des villages, des *villes* et des CAPITALES; de
même sur une carte géologique où toute la
stratigraphie serait figurée, il y aurait des
lieux indifférents; et, si je puis me permettre
cette figure, des villages, des *villes* et des CA-
PITALES stratigraphiques. Ces villes et ces
capitales stratigraphiques sont généralement
les points géographiques les plus remarquables. Ce sont ces points *singuliers* que j'ai
cités; et il n'est pas aussi fréquent qu'on le
pense d'en trouver *plus de deux en ligne
droite*, excepté sur les cercles du *réseau pentagonal*, dont la propriété essentielle est
d'être jalonné par des files de ces points.

Il y aurait encore quelques réflexions à
faire sur l'utilité dont pourrait être un jour
le *réseau pentagonal* dans la recherche des
mines métalliques et dans celle des écueils
de l'Océan. Mais il faudrait pour cela que
son installation eût acquis une précision
qu'elle est, sans doute, encore loin de pos-
séder aujourd'hui, et qu'un travail prolongé
pourra seul lui faire acquérir.

Ce serait plutôt ici le lieu de reprendre la
question théorique de la composition du
réseau pentagonal et de l'extension plus ou
moins grande qu'il convient d'y donner à l'ad-
jonction des cercles auxiliaires ; mais comme
cette question théorique n'aurait pas d'utilité pratique immédiate, attendu que nous
avons trouvé dans les catégories de cercles
qui devaient figurer en première ligne des
représentants suffisamment approximatifs
de tous nos *Systèmes de montagnes*, je crois
pouvoir l'ajourner quant à présent, et j'y
suis même en quelque sorte contraint par
une raison extrêmement simple : c'est que
tout ce qui tient au *réseau pentagonal* a
pris, dans les applications que nous en avons
faites, un caractère de précision dont les
chiffres de nos 21 tableaux sont bien loin
d'approcher.

Les chiffres des 21 tableaux, p. 840 à 860,

nous ont servi à deviner l'existence du réseau pentagonal ; ils ont été, pour ainsi
dire , l'échafaudage sur lequel nous nous
sommes élevés pour saisir le principe de
régularité d'après lequel sont coordonnés
les accidents si confus en apparence de la
surface du globe ; et le réseau ayant pu
être installé d'après des points dont la position est connue avec beaucoup plus d'exactitude que ne l'est et que ne pourra l'être
de longtemps encore l'orientation de la plupart des Systèmes de montagnes, nous avons
réussi, ainsi que nous y avons visé p. 1024,
à nous engrener dans une série de résultats
beaucoup plus précis que ne le sont les
chiffres des tableaux. Les constructions qui
s'effectuent sur ma petite carte, toute mi-
croscopique qu'elle est, sont rarement en
erreur de plus de 10', et par conséquent
elles sont beaucoup plus exactes que ne l'est
la grande majorité des 210 angles formés
par les grands cercles de comparaison de
nos 21 Systèmes de montagnes.

Il peut sembler presque paradoxal, au
premier abord, d'arriver à des résultats
aussi précis en partant de nombres aussi
incertains que les valeurs des 210 angles
sur lesquels nous nous sommes appuyés.
Mais il faut observer que ces valeurs d'an-

gles ne nous ont servi qu'à apercevoir la *symétrie pentagonale*, qui est *en elle-même* d'une précision absolue. L'installation du réseau n'a introduit d'autre incertitude que celle qui peut résulter des irrégularités de position de l'Etna et du Mouna-Roa, et de *l'épaisseur de ces deux jalons*. Sans être nulle, cette incertitude est loin d'égaler celle des valeurs du plus grand nombre des 210 angles d'où nous sommes partis. Si nous avions emprunté à ces 210 angles un *paramètre* ou un *coefficient* quelconque, nous aurions conservé quelque chose de leurs inexactitudes; mais dans la réalité ces 210 angles ont disparu *avec tous leurs défauts*.

Revenir à ces angles pour essayer de traiter à fond la question théorique de la composition du réseau, serait dès à présent un *pas rétrograde*. Il est déjà étonnant peut-être que nous ayons pu apercevoir la *symétrie pentagonale* dans des chiffres suspects de tant d'inexactitudes; leur demander plus que cette indication fondamentale, lorsque nous pouvons disposer de moyens plus exacts, serait, je crois, une faute.

La question de la composition essentielle du réseau pourra d'abord s'éclaircir par des moyens graphiques. Il suffira de promener une règle sur 12 cartes analogues à la planche V, mais plus grandes et se rapportant aux 12 pentagones qui comprennent la surface entière du globe, et de voir quelles sont toutes les lignes qui jouissent de la propriété curieuse de *construire*, par leurs intersections, des points géographiques remarquables. Lorsqu'on aura pris ainsi la *symétrie pentagonale* sur le fait, de toutes les manières possibles et avec toute la précision que comporte le travail graphique le plus soigné, on ira plus loin par l'emploi du calcul, et l'on prendra pour base des chiffres déduits, en grande partie au moins, du *quinconce pentagonal* dont les données fondamentales existent dans la *Connaissance des temps* et dans les autres recueils de positions géographiques, et n'ont besoin que d'y être découverts, et ramenés à un *point géologique* précis.

Sur la sphère, trois données, arcs ou côtés, déterminent un triangle; toutes les parties d'un réseau sont liées d'une manière analogue. On procédera donc indifféremment par les angles ou par les arcs, et toujours en partant de points qui ne seront affectés d'aucune autre incertitude que de celle inhérente à la détermination de la distance d'une station observée astronomiquement à un *point géologique* dont la place se trouve marquée dans le *réseau pentagonal*, incertitude qui, dans une foule de cas, tels que ceux où le point dont la place aura été reconnue dans le réseau, sera, par exemple, un volcan, pourra ne pas dépasser quelques minutes et être même beaucoup moindre.

Si l'on était réduit à n'employer jamais que la méthode de tâtonnements numériques, dont j'ai été obligé de me servir pour commencer, les calculs destinés à éclaircir tout ce qui tient à la constitution définitive du *réseau pentagonal* devraient être encore excessivement longs. Mais dans beaucoup de circonstances, les chiffres ont été, en quelque sorte, les *troupes légères* de l'analyse mathématique qui a marché ensuite sur leurs traces avec toute la puissance qui lui appartient.

L'observation indique ici qu'il s'agit d'une relation aux *différences finies* entre les éléments d'un réseau de grands cercles tracés sur la sphère.

L'équation fondamentale de la trigonométrie sphérique est

$$\cos C = \cos c \sin A \sin B - \cos A \cos B.$$

Si l'on exprime, en général, par x la

distance de l'intersection de l'un des cercles
du réseau avec un cercle fondamental; auquel tous les autres sont rapportés, à un
point de départ pris arbitrairement sur ce
cercle, et par y l'angle formé par les deux
cercles, l'expression générale de l'un des angles du réseau pourra être écrite sous la
forme

$$\cos (m, n) = \cos (x_m - x_n) \sin y_m \sin y_n - \cos y_m \cos y_n.$$

Si ces angles n'ont qu'un certain nombre de
valeurs, la détermination du réseau doit
dépendre d'une équation aux différences
finies à deux variables indépendantes x et y.

Reste à savoir comment on pourrait poser
l'équation d'après des angles fournis par
l'observation, et si l'on pourrait l'intégrer.

Nous avons exécuté par voie de tâtonnements numériques une opération correspondante à la détermination d'une *intégrale
particulière* d'une pareille équation. Nous
avions restreint la généralité de la question
en disant que le réseau devait être régulier,
et qu'il devait se fermer sur lui-même
après avoir embrassé la sphère une seule
fois. Le *réseau pentagonal* tient la place de
la fonction arbitraire; mais il n'en a pas la
généralité, à cause des restrictions que nous

avons établies d'après la nature de la question physique. Si l'on pouvait poser l'équation différentielle, et trouver l'intégrale particulière par voie analytique, on aurait l'expression la plus générale du *réseau pentagonal*.

Peut-être aussi pourra-t-on la trouver par quelque autre voie, et se dispenser ainsi de poursuivre la méthode un peu barbare des tâtonnements numériques. Mais pour commencer, n'ayant que des chiffres, et des *chiffres incertains* qui constituaient, qu'on me passe l'expression, une sorte de *nuage mathématique* d'une forme cependant très déterminée dans son ensemble, je n'ai pas trouvé de moyen plus clair et plus direct que d'opposer des chiffres théoriques à ceux que l'observation m'avait fournis jusqu'à ce que j'eusse reproduit une forme correspondante.

Dans tout le cours de cet ouvrage, j'ai opéré comme si la terre était sphérique, et je n'ai mentionné que pour mémoire sa forme sphéroïdale. Il est cependant certain que sur le *sphéroïde* terrestre, et en faisant même abstraction de ses irrégularités, il n'existe qu'un seul grand cercle, qui est l'équateur. Le *réseau pentagonal*, tel que nous l'avons considéré, ne peut donc être qu'une expres sion approchée d'une figure réellement plus compliquée. Jusqu'à quel point cette approximation est-elle exacte? C'est là une question qu'il serait peut-être inopportun de faire passer trop vite dans la pratique, mais qui devra cependant être traitée.

Le premier point serait de savoir si, au point de vue de la détermination des latitudes et des longitudes des différents points du réseau, et par suite même dans le calcul de ses angles, on commet une inexactitude quelconque en le supposant régulier sur la terre supposée sphérique.

Les degrés des méridiens sont inégaux; ils augmentent des pôles à l'équateur. Ils sont proportionnels au rayon de courbure du méridien. Une des conditions d'existence qu'on peut imaginer pour le *réseau pentagonal*, c'est que les arcs de ce réseau, qui sont sensiblement parallèles aux méridiens du sphéroïde, aient eux-mêmes des longueurs proportionnelles à leurs rayons de courbure. S'il en était ainsi, le *réseau pentagonal*, transporté par la pensée sur une sphère comme on le fait pour les méridiens dans les calculs ordinaires des latitudes et des longitudes, serait régulier, et l'on ne commettrait aucune erreur en faisant abstraction de l'aplatissement dans les calculs qui s'y rappor-

tent. Seulement, si l'on voulait mesurer géo-
désiquement les arcs ou les angles de ce réseau dont on aurait calculé la valeur, on trouverait sur le *sphéroïde* une longueur et une
ouverture différentes de celles qu'on aurait
calculées pour la *sphère*. Mais les divers
points du réseau se trouveraient aux latitudes et aux longitudes que le calcul
leur aurait assignées ; et par conséquent,
les rapprochements qu'on pourrait opérer
entre eux et certains points géographiques
déterminés dans la *Connaissance des temps*
ou ailleurs ne seraient affectés d'aucune
erreur nécessaire.

Ce que je puis dire quant à présent, c'est
que dans les recherches que j'ai faites, mais
qui sont infiniment trop peu étendues pour
résoudre une question aussi délicate, je n'ai
pas encore aperçu clairement que la supposition de la sphéricité fût une cause d'erreur. Mais j'indiquerai plus loin un moyen
pratique qui me paraîtrait propre à fournir
des données à cet égard.

Force m'a été nécessairement de me contenter jusqu'à présent d'une installation *provisoire* du *réseau pentagonal*. Je l'ai basée sur
deux points, l'Etna et le Mouna-Roa, que
j'ai cherché de prime-abord à choisir le
moins mal possible. Il s'agira maintenant

de procéder, et d'abord, en supposant la terre sphérique, à une installation plus précise. Pour cela je crois qu'on fera bien, par les motifs que j'ai indiqués, de s'attacher d'abord aux points du *quinconce pentagonal*, sauf à faire intervenir aussi plus tard, quand on en aura d'assez précises, les observations de direction des couches et des *Systèmes de montagnes*.

Ce sera, je crois, par l'application de la méthode des moindres carrés aux points du *quinconce pentagonal* qui existent sur la surface du globe, comparés aux intersections des cercles du réseau qui leur correspondent respectivement, qu'on obtiendra cette installation. Voici en deux mots comment je conçois que cette opération pourra être exécutée.

La position sur la sphère de chacun des points du réseau peut être exprimée trigonométriquement en fonction de la latitude, de la longitude et de l'orientation d'un point déterminé quelconque de l'un des cercles qui le composent. Supposons, par exemple, que ce point soit le centre du pentagone européen près de Remda, et que l'orientation soit celle d'un côté de triangle équilatéral partant de ce point. C'est en donnant des valeurs à ces quantités que j'ai fixé l'installation *provisoire* du réseau.

Un déplacement quelconque du réseau pourra être exprimé par l'addition de certaines quantités positives ou négatives à ces quantités premières. Si A, B et O représentent les *nombres* qui expriment la latitude, la longitude et l'orientation de l'extrémité d'un côté de triangle équilatéral dans l'installation *provisoire* du réseau, les mêmes quautités relatives à toute autre installation pourront être exprimées par A $+$ α, B $+$ β et O $+$ ω. La position du réseau dans sa nouvelle installation dépendra uniquement des valeurs des trois quantités additionnelles α, β et ω, et l'on pourra lui donner toutes les positions imaginables en assignant des valeurs convenables à ces quantités.

Dans l'installation *provisoire* actuelle du *réseau pentagonal*, chacun des cercles dont il se compose passe très près de certains points dont il passerait plus près encore, ou par lesquels il passerait même exactement, si l'installation du réseau était la *meilleure possible*. Sur des cartes qui représenteraient le *réseau pentagonal* dans son installation *provisoire* actuelle, qui est déjà très voisine, ainsi que nous l'avons vu, de l'installation la meilleure possible, toutes ces perpendiculaires seraient des lignes très courtes qui ressembleraient à autant de *traits d'union* (-).

102*

Si l'on déplaçait légèrement le réseau pour lui donner une position encore plus favorable, ces traits d'union deviendraient généralement plus petits. Dans la position la plus favorable possible du réseau, la *somme des carrés* de ces *traits d'union* serait un *minimum*.

Ces petits arcs perpendiculaires aux cercles du *réseau pentagonal* que je viens de comparer à des traits d'union ne sont autres que ceux dont nous avons calculé précédemment les valeurs pour quelques cas particuliers en les désignant par u. Nous pouvons conserver cette notation, et dire que la meilleure position possible du réseau serait celle dans laquelle la somme des carrés de toutes les valeurs de u ou Σu^2 serait un *minimum*.

Les valeurs numériques des quantités u que nous avons déterminées se rapportaient à l'installation *provisoire* actuelle du réseau. Pour trouver la position cherchée, il faudrait supposer que le réseau s'est déplacé d'une certaine quantité par l'effet de l'addition des quantités indéterminées α, β et ω aux nombres A, B et O. On ne pourrait plus alors calculer *en nombres* les valeurs u de la perpendiculaire abaissée d'un point donné de la surface du globe sur un cercle déterminé du réseau ; mais on pourrait toujours l'exprimer par une fonction de lignes trigonométriques , fonction dans laquelle il n'y aurait d'indéterminées que les quantités α, β et ω, qui, généralement, y entreraient toutes les trois.

Chaque valeur de u étant une fonction des trois indéterminées α, β et ω, la somme des carrés des quantités u en Σu^2 serait aussi une fonction de α, β et ω.

Pour que Σu^2 fût un *minimum*, il faudrait que l'on eût séparément

$$\Sigma u \, \frac{du}{d\alpha} = o, \qquad \Sigma u \, \frac{du}{d\beta} = o, \qquad \Sigma u \, \frac{du}{d\omega} = o ;$$

ce qui donne trois équations propres à déterminer les valeurs de α, β et ω, qui répondent à la condition de *minimum*.

Prises dans toute leur généralité, ces équations seraient fort compliquées. Elles devraient avoir diverses solutions, car elles sont propres à donner la position qui rend Σu^2 un *maximum* aussi bien que celle qui le rend un *minimum*, et elles peuvent répondre encore à diverses autres combinaisons ; mais parmi toutes les solutions que ces équations peuvent avoir, nous n'en cherchons qu'une seule : c'est celle qui remplit la condition du *minimum* en s'écartant *très peu* de la position actuelle du réseau. Relativement à cette position particulière les valeurs de α, β et ω sont très petites. On peut, par conséquent, opérer d'abord dans les trois équations ci-dessus toutes les réductions qui résultent de la supposition que α, β et ω sont de très petites quantités ; et après avoir opéré ces réductions, on aura sous leur forme la plus simple et la plus convenable les trois équations qui doivent servir à fixer le réseau dans la meilleure position possible en donnant les valeurs de α, β et ω, qui correspondent à cette position.

Maintenant, au lieu de former seulement trois équations pour l'ensemble du réseau, on pourrait en former trois pour chaque pentagone ; ou plutôt, comme sur le *sphéroïde* deux pentagones sont antipodes l'un de l'autre, aussi bien que sur la *sphère*, on pourrait former six groupes de trois équations chacun, savoir, un groupe de trois équations pour chaque couple de pentagones. En subdivisant ainsi la question, on pourra, pour chaque pentagone, ne tenir compte que des points situés près de son centre, en allant, par exemple, depuis le centre jusqu'au petit pentagone intérieur formé par les *octaédriques* ; de cette manière on déterminera chaque couple de pentagones indépendamment des cinq autres, et, après avoir terminé toute l'opération, on commencera par vérifier si la distance de deux centres voisins est de 63° 26' 5'',84, comme sur la sphère, ou de combien elle en diffère.

Il va sans dire que ce que je viens d'indiquer pour les centres des 12 pentagones peut s'appliquer aussi aux centres des 20 triangles équilatéraux, aux centres des 30 losanges, et l'on aura ainsi des moyens nombreux et certains de *mesurer* l'erreur qu'on peut commettre en faisant abstraction de l'aplatissement dans les calculs relatifs au *réseau pentagonal*.

La *symétrie pentagonale* étant, comme principe de division d'une enveloppe sphérique, le *nec plus ultra* de la régularité, on pourrait ne pas lui chercher d'autre raison d'être que cette régularité même.

Il est toutefois difficile de ne pas essayer de pénétrer la cause de cette profonde régularité qui se cache sous les formes capricieuses des configurations géographiques. Elle ne peut tenir à un arrangement cristallin de l'ensemble des molécules du globe terrestre, car tous les arrangements réguliers de molécules rentrent dans l'un des systèmes cristallins dont s'occupe la cristal - lographie, systèmes qui ne sont tous que des variations de la *symétrie quadrilatérale*. Aucun de ces systèmes cristallins ne peut passer à la *symétrie pentagonale*, mais il n'en est pas nécessairement de même de certaines dispositions régulières que les molécules peuvent contracter par les effets de la trempe et de la compression. Des effets plus ou moins analogues peuvent se produire en grand, et cela nous permettra de concevoir comment la *symétrie pentagonale* a pu résulter en principe de la contraction que la masse interne du globe a éprouvée de siècle en siècle, par suite de son refroidissement progressif.

Dès l'origine de mes études géologiques, il m'a paru naturel de chercher dans cette contraction la cause des principaux phénomènes géologiques, et particulièrement celle de la division des terrains sédimentaires en formations successives et des montagnes en systèmes; mais le point essentiel était d'expliquer comment une action aussi continue que celle de la déperdition de la chaleur intérieure du globe peut produire des effets brusques et intermittents.

.Ainsi que j'ai cherché à le montrer ci-dessus, p. 774 et 775, tout nous conduit à supposer que les causes qui ont produit les plus grands phénomènes géologiques sub-

sistent encore, et que la tranquillité dont
nous jouissons aujourd'hui est due à leur sommeil bien plutôt qu'à leur anéantissement.
Pour fournir une explication satisfaisante de
ces phénomènes, les agents auxquels notre
esprit peut recourir doivent être susceptibles d'un long sommeil apparent suivi d'un
réveil convulsif; et pour apprécier leur affi-
nité avec les faits observés, il faut les étudier
attentivement au point de vue de l'inter-
mittence possible de leurs effets, du maximum d'énergie qu'ils ont pu déployer dans
leurs paroxysmes les plus violents, et de la
marche croissante ou décroissante que leur
énergie a pu suivre à mesure que le globe a
vieilli.

L'idée d'assimiler à l'époque de tranquillité actuelle chacune des périodes de tranquillité relative dont l'étude des dépôts de
sédiment nous atteste l'ancienne existence,
est complétement en harmonie avec l'idée,
très philosophique en elle-même, de chercher dans les causes qui agissent encore actuellement sous nos yeux, à la surface du
globe, l'explication des phénomènes dont les
géologues observent les effets. Mais il y a
loin de l'idée que tous les phénomènes géologiques ont dû être produits par des causes
encore en action, à la *supposition gratuite*

que ces causes n'ont jamais déployé une énergie supérieure à celle avec laquelle elles ont
agi depuis l'établissement définitif des so-
ciétés actuelles. Cette supposition ne peut
s'accorder avec le fait de l'indépendance des
formations de sédiment successives, qui est
le résultat le plus important et en quelque
sorte le résumé de l'étude des couches superficielles de notre globe ; il y a , au contraire , une harmonie remarquable entre la
forme générale que tous les géologues ont
attribuée , depuis Werner et même depuis
Buffon , à la série des sédiments qu'ils ont
constamment divisée en un nombre limité
de formations, et l'idée d'une série de ca-
tastrophes susceptibles chacune de changer
sur de grands espaces la forme des mers et
le cours des rivières, et séparées les unes des
autres, dans chaque contrée, par des périodes
d'une tranquillité relative.

Mais, plus il sera solidement établi , par
les faits dont l'ensemble constitue la géologie
positive, que l'histoire de la terre se compose
d'une série de périodes de tranquillité dont
chacune a été séparée de la suivante par une
convulsion subite et violente, dans laquelle
une portion de la croûte du globe a été dis-
loquée ; plus, en même temps , il paraîtra
raisonnable de ne chercher que dans l'action

des causes dont l'observation de la Nature nous a démontré l'existence l'explication de ses ouvrages même les plus anciens, plus sera grande la curiosité, on pourrait même dire l'anxiété avec laquelle on se trouvera porté à rechercher, parmi les causes actuellement en action, quel est l'élément qui peut être propre à produire de temps à autre des crises si différentes de la marche ordinaire des événements qui se passent sous nos yeux.

Les volcans se présentent naturellement à l'esprit, lorsqu'on cherche dans l'état présent des choses quelques termes de comparaison avec ces phénomènes gigantesques qui apparaissent clair-semés dans l'histoire de la terre. Mais la volcanicité ne serait une cause comparable aux effets qu'il s'agit d'expliquer, qu'autant qu'on élargirait l'acception habituelle de cette expression en la définissant, avec M. de Humboldt, *l'influence qu'exerce l'intérieur d'une planète sur son enveloppe extérieure dans les différents stades de son refroidissement.*

Déjà on était obligé de modifier le sens primitif de l'expression *action volcanique*, lorsqu'on voulait continuer à y comprendre, ainsi que le faisait Dolomieu, les éruptions de trachytes et de basaltes, puisqu'il est prouvé aujourd'hui que ces roches, au lieu

d'avoir coulé d'un cratère situé à la cime d'un
cône, se sont élevées sous forme de cloche ou
se sont épanchées en grandes nappes par des
crevasses souvent longues et étroites (dykes).
Les différences si bien établies par M. de Buch
entre les laves des volcans et les mélaphyres
qui, dans le soulèvement des chaînes de montagnes, sont arrivés au jour dans un état pâteux, et n'ont jamais coulé sur la surface,
montrent la nécessité d'élargir encore davantage le sens attribué le plus souvent à
cette même expression d'action volcanique,
si l'on veut que le phénomène du soulèvement d'une chaîne de montagnes puisse y
être compris.

Les volcans se sont souvent alignés suivant des fractures parallèles à des chaînes
de montagnes, et qui devaient probablement
à l'élévation de ces chaînes leur première
origine ; mais cela ne conduit nullement à
considérer les chaînes elles-mêmes comme
étant dues à ce jeu prolongé des évents volcaniques, auquel s'applique proprement le
sens de l'expression *action volcanique*. Si
l'on conçoit comment un centre d'éruptions
volcaniques, agissant avec une énergie ex-
traordinaire, aurait pu produire des accidents disposés circulairement ou en forme
de rayons autour d'un point central, on ne

peut imaginer comment même plusieurs volcans réunis auraient produit de ces rides en partie composées de couches repliées, qui se poursuivent avec une direction constante dans l'espace d'un grand nombre de degrés.

L'action volcanique, dans l'acception propre de ce mot, ne saurait donc être la cause première des grands phénomènes qui nous occupent; mais les éruptions volcaniques paraissent avoir elles-mêmes des rapports avec la haute température que présentent encore aujourd'hui les parties intérieures du globe, et les analogies qui, au premier aperçu, nous feraient chercher dans l'action volcanique proprement dite la cause des révolutions de la surface du globe, doivent nous conduire finalement à chercher cette même cause dans le phénomène beaucoup plus large de la haute température intérieure de la terre.

Le refroidissement séculaire, c'est-à-dire la diffusion lente de cette chaleur primitive à laquelle les planètes doivent leur forme sphéroïdale, et la disposition généralement régulière de leurs couches du centre à la circonférence, par ordre de pesanteur spécifique, présente, en effet, un élément auquel il me semble depuis longtemps, ainsi qu'à M. Fénéon (qui m'a dit avoir eu aussi, de

son côté, la même idée), que ces effets ex-
traordinaires pourraient être rattachés: Cet
élément est le rapport qu'un refroidissement
aussi avancé que celui des corps planétaires
établit sans cesse entre la capacité de leur
enveloppe solide et le volume de leur masse
interne. Dans un temps donné , la température de l'intérieur des planètes s'abaisse
d'une quantité beaucoup plus grande que
celle de leur surface, dont le refroidissement
est aujourd'hui presque insensible. Nous
ignorons, sans doute , quelles sont les propriétés physiques des matières dont l'intérieur de ces corps est composé, mais les
analogies les plus naturelles portent à penser que l'inégalité de refroidissement dont
on vient de parler doit mettre leurs enve-
loppes dans la nécessité de diminuer sans
cesse de capacité, malgré la constance presque rigoureuse de leur température, pour
ne pas cesser d'embrasser exactement leurs
masses internes , dont la température dé-
croît sensiblement. Elles doivent par suite
s'écarter légèrement, et d'une manière progressive , de la figure sphéroïdale qui leur
convient, et qui correspond à un maximum
de capacité ; et la tendance graduellement
croissante à revenir à une figure à peu près
de cette nature , soit qu'elle agisse seule ,

ou qu'elle se combine avec les autres causes intérieures de changement que les planètes peuvent renfermer, pourrait peut-être rendre complétement raison de la formation subite des rides et des diverses tubérosités qui se sont produites par intervalles dans la croûte extérieure de la terre, et probablement aussi de tous les autres corps planétaires (1).

Parmi les causes intérieures de changement que le globe terrestre peut renfermer, on doit compter essentiellement les forces expansives qui se développent dans les foyers volcaniques, ainsi que les forces qui, lors de la consolidation des roches, ont pu agir

(1) J'ai essayé, à diverses reprises, d'étudier les formes des montagnes de la lune dans un esprit de comparaison avec celles des montagnes de la terre, et, dans une note lue à la Société philomatique le 7 mars 1829 (*), j'ai indiqué, page 19, qu'il y aurait lieu d'établir des distinctions (d'âge et de direction) entre les inégalités que présente la surface de la lune comme entre celles que présente la surface de la terre. Il ne sera pas sans intérêt d'étudier aussi l'application du *réseau pentagonal* au relief extérieur de la lune; mais en raison de la projection suivant laquelle notre satellite nous présente constamment la même moitié de sa surface, projection qui change pour nos yeux tous les cercles en ellipses, cette application semble devoir offrir, dans l'exécution, une complication particulière, qui est bien loin toutefois d'offrir des obstacles insurmontables.

(*) *Mémoires de la Société d'histoire naturelle de Paris*, t. V, p. 1.

d'une manière analogue à celles dont on
voit les effets dans les ingénieuses et curieuses expériences de M. P. Gorini (1). Ces
forces expansives ont agi en sens contraire
de la diminution générale du volume des
masses intérieures produite par l'abaissement
de la température ; mais une force expansive
locale, comme celle d'un foyer volcanique,
a pu être l'occasion déterminante de la formation subite d'une ride ou de quelque autre
tubérosité dans la croûte extérieure de la
terre.

On doit tenir compte aussi de la diminution de volume que beaucoup de roches paraissent avoir éprouvée en se solidifiant par
l'effet du refroidissement. La découverte de
la proportion considérable dans laquelle
diminue, lors de leur solidification à l'état
cristallin, le volume des roches qui sont
venues successivement épaissir l'écorce terrestre en se réunissant à sa partie inférieure,
ajoute un nouveau degré de puissance et de
probabilité à l'explication des grands phénomènes géologiques déduite de la contraction de la masse interne du globe.

M. le professeur G. Bischof de Bonn a réussi

(1) Voir à ce sujet l'intéressant ouvrage de M. Gorini
sur l'origine des montagnes et des volcans, tom. 1er.
Loli, 1851.

le premier à constater par l'expérience que les principales roches qui sont sorties, par voie d'éruption, de l'intérieur de la terre n'augmentent pas de volume en se solidifiant comme le fait l'eau en se congelant ; mais qu'elles diminuent au contraire de volume comme le font la plupart des corps qui passent par le refroidissement de l'état liquide à l'état solide. M. Charles Deville a mesuré le premier, avec toute la précision désirable, la diminution de volume, ou, ce qui revient au même, l'augmentation de densité qu'éprouvent certaines roches en passant de l'état vitreux à l'état cristallin (1). M. Delesse a introduit dans ces recherches délicates des considérations qui lui sont propres, et il a multiplié considérablement le nombre des roches pour lesquelles le *coefficient de la contraction cristalline* est aujourd'hui connu. Cette contraction, qui varie assez notablement d'une roche à une autre, est souvent égale à environ un dixième du volume de la roche solidifiée à l'état cristallin ; et M. Delesse a prouvé par le calcul qu'une contraction pareille, éprouvée par toutes les roches dont l'écorce terrestre s'est successivement accrue, loin d'être négligeable dans ses effets, a dû produire à *elle seule* une

(1) *Comptes rendus*, t. XX, p 1453 (12 mai 1845).

diminution de 1,430 mètres dans la longueur du rayon terrestre, et a dû avoir une influence sensible sur la vitesse de rotation ainsi que sur la forme de la terre (1).

Cette contraction que les roches fondues éprouvent en cristallisant a tendu, dès le commencement du refroidissement du globe, à rendre sa masse interne plus petite que la capacité de son enveloppe extérieure ; tandis que la diminution de volume qui résulte simplement de l'abaissement de la température n'a commencé à agir dans le même sens qu'à une époque déjà assez avancée du refroidissement. On devait par conséquent se demander si, à l'époque des plus anciens redressements de couches auxquels nous avons pu assigner un âge relatif, le globe terrestre était déjà assez refroidi près de sa surface pour que le refroidissement de son enveloppe extérieure fût moins rapide que le refroidissement de sa masse intérieure.

C'est même, en soi, une question digne à la fois de l'intérêt des physiciens et de celui des géologues, que celle de savoir si, dans l'état actuel des choses, la température moyenne de la surface du globe dé-

(1) *Comptes rendus*, t. XXV, p. 545 (18 octobre 1847).

croît plus ou moins rapidement que la température moyenne de sa masse totale.

J'ignore si l'on a jamais remarqué que
les éléments numériques les plus essentiels
pour la solution approximative de cette
question sont donnés par les observations
que M. Arago a faites, dans le jardin de
l'Observatoire, sur des thermomètres en-
foncés dans le sol à différentes profondeurs.

Il résulte de la discussion approfondie, à
laquelle M. Poisson a soumis ces observations (1), que si l'on désigne par c le calori-
que spécifique du sol de l'Observatoire, rapporté au volume, par k sa conductibilité
intérieure, et par h sa conductibilité extérieure, et qu'on pose :

$$a = \sqrt{\frac{k}{c}}, \qquad b = \frac{h}{k},$$

on peut admettre, au moins provisoirement, les valeurs

$$a = 5{,}11655, \qquad b = 1{,}05719.$$

J'ai essayé de montrer ailleurs (2) qu'en
partant de ces nombres et en admettant l'hypothèse la plus simple possible sur le rap-

---

(1) Voyez la *Théorie mathématique de la chaleur*, par
M. Poisson, p. 501. Paris, 1835.

(2) Note lue à l'Académie des sciences le 16 décembre 1844
(*Comptes rendus*, t. XIX, p. 1327).

port des caloriques spécifiques des matières qui constituent la surface et l'intérieur du globe, on trouve 38,359 ans pour la durée du temps qui s'est écoulé, depuis l'origine du refroidissement, jusqu'au moment où le refroidissement annuel de la surface a cessé d'être plus grand que celui de la masse totale du globe, et à partir duquel le refroidissement moyen annuel de la masse a commencé à surpasser celui de la surface et l'a surpassé de plus en plus. Or, tout conduit à attribuer aux phénomènes géologiques une durée tellement énorme, et les premiers bouleversements de l'écorce terrestre ont été tellement effacés par les changements postérieurs, que la possibilité de remonter par des observations précises aux faits qui se sont accomplis 38,000 ans seulement après l'origine du refroidissement du globe doit paraître fort douteuse. Ainsi, malgré la très grande incertitude des nombres qui servent de base à ce calcul, on peut conclure avec beaucoup de vraisemblance, que tous les systèmes de montagnes observés se sont produits depuis l'époque où le refroidissement moyen annuel de la masse du globe a commencé à surpasser celui de sa surface. Tous ont pris naissance pendant la période durant laquelle, par les effets réunis de l'abaissement général de la température et de la cristallisation successive des roches voisines de la superficie, le volume de la masse interne a diminué plus vite que la capacité de l'enveloppe solide extérieure.

Ce résultat est indépendant de la température initiale et du mode de distribution de la chaleur depuis la surface jusqu'au centre. Il serait vrai non seulement dans l'hypothèse la plus simple, qui consiste à supposer que la température élevée des lieux profonds est due à un reste de la chaleur primitive, à laquelle la terre doit sa forme sphéroïdale ; mais encore dans des hypothèses qui permettraient de supposer la température du centre de la terre actuellement inférieure à celle de la glace fondante. Il est compatible notamment avec l'hypothèse qui attribuerait les températures élevées des parties du globe accessibles pour nos observations à un réchauffement superficiel dû soit à l'oxydation de sa surface, soit même à une simple variation dans la température des régions de l'espace que le système solaire a traversées successivement.

Cette dernière idée n'est pas essentiellement contraire à celle d'une ancienne fluidité ignée de toutes les roches. M. Poisson, qui l'a traitée sous diverses formes, n'a pas exclu celles dans lesquelles les roches qui forment la surface de la terre ont dû être échauffées jusqu'à la fusion. Dans un supplément à la *Théorie mathématique de la chaleur*, publié en 1837, il a présenté, à ce sujet, de savants calculs pleins d'intérêts pour la géologie. « On » peut faire, dit-il p. 14, sur les inégalités » de température des régions de l'espace » que la terre traverse, une infinité d'hy- » pothèses différentes qui ne seront que » des exemples de calcul propres seule- » ment à montrer comment ces inégalités » doivent influer sur la température de la » couche extérieure du globe.....» La note B de ce supplément (p. 32), l'addition à la note B (p. 69), et les nombres consignés dans la page 71, prouvent péremptoirement qu'on ne serait pas fondé à opposer l'autorité de l'illustre géomètre aux géologues portés à admettre que le globe se refroidit actuellement à partir d'un état thermométrique dans lequel toutes les matières qui composent aujourd'hui l'écorce terrestre étaient à une température capable de les liquéfier, et que cette température a laissé dans l'intérieur une chaleur suffisante pour que les roches qui se trouvent à 40 ou 50,000 mètres de profondeur soient ac-

tuellement encore au degré de la fusion ; or
de pareilles données suffisent à la rigueur
pour que le refroidissement moyen annuel
de la masse du globe soit devenu depuis
longtemps plus rapide que celui de la
surface, et pour que les considérations
qui tendent à faire attribuer une partie
considérable des faits géologiques à une
diminution du volume de la masse interne
du globe plus rapide que la diminution de la
capacité de son enveloppe solide ne man-
quent pas de fondement.

La tendance naturelle d'un pareil phénomène serait de séparer la masse liquide
intérieure de l'enveloppe solide extérieure
en laissant cette dernière suspendue, sous
la forme d'une voûte sphérique, au-dessus
d'un vide annulaire. Mais aujourd'hui même
que la croûte solide extérieure est devenue
plus épaisse qu'à aucune des époques précédentes, son épaisseur est probablement inférieure à 50,000 mètres, c'est-à-dire à $\frac{1}{250}$
de son diamètre. Toute proportion gardée,
elle est et elle a toujours été infiniment plus
mince que la coquille d'un œuf, et, eu
égard à la faiblesse de sa courbure et au
nombre indéfini de ses fissures, il me paraît
impossible qu'elle ait jamais pu se soutenir
sans appuis.

Son poids l'a donc tenue constamment appliquée sur le liquide intérieur. Ce liquide intérieur n'étant plus assez volumineux pour pouvoir la remplir et pour la soutenir partout, si elle avait conservé sa figure sphéroïdale régulière qui correspond à un *maximum de capacité*, elle s'est écartée par degrés de cette figure en se bosselant légèrement. Mais un pareil bossellement ne pouvait avoir lieu sans que certaines parties de l'enveloppe éprouvassent une compression, d'autres une extension ; sans que les diverses colonnes de la masse liquide intérieure changeassent respectivement de longueur ; et sans que les forces immenses qui tendent à rendre la planète sphéroïdale fussent écartées de l'état d'équilibre. Tant que la déformation a été excessivement petite, la résistance de l'écorce solide a pu contre-balancer toutes ces causes de rupture ou d'écrasement. Mais comme ces causes sont devenues nécessairement de plus en plus intenses à mesure que la déformation est devenue de plus en plus grande par le progrès du refroidissement, une *débâcle* a fini par devenir inévitable. La tendance de la masse entière à revenir à une figure à peu près sphéroïdale a fait naître un système de forces graduellement croissantes, qui ont fini par réduire

l'écorce de la planète à diminuer son ampleur incommode par la formation subite
d'une sorte de *rempli*. Un pareil rempli ne
peut avoir une forme plus simple, plus en
harmonie avec la figure sphéroïdale et avec
le *principe de la moindre action* ou de la
moindre consommation de force vive, que
celle d'un *fuseau comprimé latéralement*.

La formation de chacun des *Systèmes de
montagnes* qui se dessinent sur la surface
du globe me paraît en effet pouvoir s'expliquer par la compression latérale subite d'un
fuseau de l'écorce terrestre. J'ai insisté
plus d'une fois, dans le cours de cet ouvrage, sur la grande étendue, en longueur surtout, des divers systèmes de
montagnes que j'ai étudiés; et l'on peut remarquer à l'appui de l'hypothèse dans laquelle chacun de ces systèmes de montagnes, quelle que soit son étendue, serait
considéré comme le résultat d'un seul mouvement de dislocation de la croûte terrestre,
qu'il est plus aisé de se représenter géomé-
triquement le déplacement relatif des parties nécessaire pour que l'écorce solide de la
terre se ride suivant une portion considérable de l'un de ses grands cercles, que celui
qui devrait avoir lieu si elle venait à se rider
seulement dans un espace plus circonscrit.

Je ne conçois même pas que le rempli
ou la ride, dont la formation était néces-
sitée par les causes que j'ai indiquées,
ait pu avoir dans son ensemble une autre
forme que celle d'un fuseau (ou d'une combinaison de fuseaux). Un plan ne peut se
plier sans ruptures ni duplicatures que suivant une surface développable, et il ne peut
diminuer d'étendue que par la suppression
d'un espace équivalent à l'intervalle de deux
lignes droites. Par la même raison, un sphéroïde très peu différent d'une sphère ne peut
diminuer d'étendue sans ruptures ni duplicatures que par la suppression d'un espace
équivalent à un fuseau, et dont la forme la
plus simple et la moins étendue en contours
est précisément celle d'un fuseau.

Si dans une enveloppe sphéroïdale très
mince ou découpe un fuseau analogue à une
côte de melon, les deux lèvres du vide pourront être rapprochées sans que les éléments
de l'enveloppe éprouvent d'autre déplacement relatif qu'un léger mouvement de
charnière autour de leur ligne de jonction;
Le reste de l'enveloppe prendra sans ruptures ni duplicatures la forme d'un sphéroïde, qui, à la vérité, s'écartera un peu
plus de la forme sphérique qu'avant l'ablation du fuseau, et qui présentera aux deux

extrémités du fuseau supprimé deux *points singuliers* en forme de sommets coniques très obtus; mais néanmoins il s'écartera encore très peu de la forme sphéroïdale. L'ablation d'*un fuseau complet* peut seule conduire à un pareil résultat.

M. Leblanc a remarqué (1) que l'écorce terrestre peut diminuer d'une quantité équivalente à une zone très étroite par la production d'une ride qui suivrait dans toute sa circonférence le grand cercle médien de cette zone, sans que les deux calottes qui lui sont extérieures éprouvent aucun changement de figure. Elle pourrait diminuer de même d'une quantité équivalente à la surface d'un onglet par la formation d'une ride embrassant une circonférence entière et plus épaisse en un point qu'au point diamétralement opposé. Mais dans l'un et dans l'autre cas, il y aurait une dépense de force plus grande que dans la production de la ride embrassant seulement un fuseau, et la flexibilité de l'écorce ne recevrait aucune application. Le ridement qui peut être produit par la plus petite somme de forces, et qui, par conséquent, doit se produire le premier, à l'ex-

(1) A. Leblanc, *Bulletin de la Société géologique de France*, t. XII, p. 140 (1841).

104*

clusion des autres, est celui qui diminue l'enveloppe d'une quantité *équivalente* à un fuseau, en s'écartant même de la régularité parfaite pour profiter de certaines conditions de moindre résistance.

Dans les paragraphes qui précèdent, j'ai appliqué à l'écorce solide du globe des raisonnements géométriques qui ne seraient rigoureusement exacts que pour une enveloppe infiniment mince et parfaitement sphérique; or l'écorce terrestre n'est pas infiniment mince, puisqu'elle paraît avoir aujourd'hui 40 à 50,000 mètres d'épaisseur ; de plus, elle n'est pas parfaitement sphérique, puisque son rayon équatorial surpasse son rayon polaire d'environ $\frac{1}{305}$, et qu'elle présente en outre diverses irrégularités auxquelles sont dues les configurations variées des continents et des mers. J'ai donc commis une double inexactitude, mais il est aisé de voir que cette double inexactitude n'est pas assez grande pour infirmer les conclusions auxquelles je me suis arrêté.

En effet: 1° l'épaisseur de 50,000 mètres que l'écorce terrestre n'atteint pas encore aujourd'hui, et qu'elle était plus loin encore d'atteindre dans les périodes antérieures, ne serait, comme je l'ai déjà remarqué, que $\frac{1}{250}$ environ de son diamètre ; d'où il résulte que, toute proportion gardée, elle est plus mince que la coquille d'un œuf, et il est certain qu'une coquille d'œuf soumise à des forces agissant comme celles que j'ai indiquées se conduirait très sensiblement comme si elle était infiniment mince.

2° Dans l'hypothèse d'un aplatissement égal à $\frac{1}{305}$, le rayon équatorial du sphéroïde terrestre est égal à 6,376,851 mètres, le rayon polaire à 6,355,943 mètres, et leur différence ou l'aplatissement à 20,908 mètres. Si l'écorce terrestre a 50,000 mètres d'épaisseur, le rayon équatorial de sa *surface inférieure* supposée régulière est égal à 6,326,851 mètres, et son rayon polaire à 6,305,943 mètres. On a constaté dans l'Océan des profondeurs de plus de 10,000 mètres, mais il est peu probable que cette profondeur soit surpassée de beaucoup et que les plus grandes profondeurs se trouvent près des pôles; l'élévation des surfaces continentales d'une certaine étendue qui se trouvent près de l'équateur ne dépasse pas 3,000 mètres. Il est donc à peu près certain qu'aucun des rayons de la *surface extérieure* de l'écorce terrestre n'est inférieur à 6,345,943 mètres, et qu'aucun des rayons de sa *surface inférieure* ne surpasse 6,330,000 mètres. On voit, d'après cela, que si l'on traçait une surface exactement *sphérique* dont le centre serait au centre de la terre, et dont le rayon serait compris entre 6,330,000 mètres et 6,345,000 mètres, cette surface *sphérique* serait comprise en entier dans l'*épaisseur de l'enveloppe solide plus mince comparativement qu'une coquille d'œuf*. On conçoit, d'après cela, que les considérations géométriques appliquées à une sphère exacte lui sont applicables, *à très peu de choses près.*

Elles s'y appliquent d'autant mieux que la différence principale entre la forme *sphéroïdale* de l'écorce terrestre et celle d'une enveloppe rigoureusement *sphérique* est son aplatissement polaire qui est en harmonie avec les conditions d'équilibre relatives au mouvement de rotation. Il résulte, en effet, de là que cette déformation régulière n'introduit pas de forces qui lui soient corrélatives. Elle n'a qu'un effet, pour ainsi dire, géométrique, par suite duquel le réseau que forment les fuseaux écrasés successivement n'est pas le réseau régulier qui correspondrait à la sphère, mais le réseau légèrement irrégulier propre au sphéroïde légèrement aplati.

Quant aux autres irrégularités du sphéroïde ; ses aspérités, ses montagnes, qui, comme le remarquait Dolomieu, sont comparativement plus petites que les légères aspérités de la coquille d'un œuf, ne peuvent influer que sur des détails minimes des phénomènes ; mais les larges bossellements auxquels sont dues les profondeurs des mers et les saillies aplaties des masses continuelles doivent donner naissance à des systèmes de forces particuliers, capables d'influer puissamment sur les positions des fuseaux qui se rident successivement.

Ces bossellements généraux sont probablement le résultat et la manifestation de l'excès d'ampleur de l'écorce comparativement au volume de la masse interne, et ils n'attendent pour diminuer que la formation d'une ride nouvelle dont leur influence combinée déterminera la position.

Dans un refroidissement longtemps continué, comme celui du sphéroïde terrestre, le phénomène de la formation d'une ride ou d'un système de rides par l'écrasement transversal d'un fuseau a dû se répéter un grand nombre de fois ; mais comme chaque fois qu'il s'est produit il a laissé au sphéroïde un certain allongement, très petit à la vérité, dans le sens du diamètre qui joint les deux pointes du fuseau, les positions des fuseaux qui ont été comprimés successivement ont dû être en rapport les unes avec les autres.

Dans le cours de mes études géologiques j'ai repris plus d'une fois, à ce point de vue, celle de la disposition des rides de la surface du globe.

La figure qui me paraissait se dévoiler par degrés dans ces aperçus fugitifs était celle d'un réseau de grands cercles, disposés sur la surface du globe terrestre d'une manière corrélative, de façon à la diviser, au moins approximativement, en triangles rectangles, birectangles ou même tri-rectangles, tellement liés entre eux que la position de l'un d'eux commandât celle de tous les autres, et que la reproduction de l'un d'eux entraînât la reproduction de tous les autres, et leur reproduction dans le même ordre ; ce qui devait entraîner comme conséquence la *récurrence périodique des mêmes directions* dont j'ai signalé divers exemples dans le cours du présent volume. Dans ma pensée, cette *récurrence* devait tenir à ce que la direction de chaque système avait été déterminée par celle des systèmes antérieurs, et à ce que toutes ces directions se liaient entre elles, de telle manière qu'après un certain nombre de combinaisons, l'une des directions premières devait se trouver re-

produite, et après elle toutes les autres,
sauf le cas où la question aurait comporté
plusieurs solutions.

M. Leblanc (1) et M. Rivière (2) ont appuyé l'idée d'une coordination entre les
directions des différents systèmes de montagnes, en s'attachant à montrer, d'après
les directions mêmes que j'avais indiquées,
que deux systèmes dont les formations ont
été consécutives approchent souvent d'être
perpendiculaires l'un à l'autre.

M. Louis Frapolli a développé davantage
les mêmes idées dans son ingénieux *Mémoire sur le caractère géologique.*

« Admettons, dit M. Frapolli, que les
» bossellements de l'écorce terrestre se sont
» toujours faits sous la forme d'une côte de
» melon, et que le premier se soit fait par
» le relèvement d'un demi-méridien. Pour
» satisfaire aux conditions que nous venons
» d'indiquer, le second devra venir se pla-
» cer en croix avec celui qui a eu lieu, et
» à peu de distance de l'équateur. Il cou-
» pera perpendiculairement les cercles mé-
» ridiens ; mais sa position, plus précise dans
» l'immense zone limitée par les tropiques,

(1) A. Leblanc, *Bulletin de la Société géologique de France,*
t. XII, p. 140 (1841).

(2) A. Rivière, *Études géologiques et minéralogiques,*
p. 152.

» sera déterminée par les points de moindre
» résistance ; la côte de soulèvement pourra
» se trouver dans la demi-zone torride sep-
» tentrionale ou dans sa pareille du sud ;
» ce deuxième bouleversement pourra com-
» mencer à se développer sous le méridien de
» Paris, sous celui de l'île de Fer ou bien
» sous tout autre quelconque, de manière à
» venir se placer sur le premier ou du côté
» opposé ; ses effets embrasseront la longueur
» d'un demi-grand cercle ou à peu près. Cette
» action nouvelle aura eu l'effet de relever le
» niveau de la croûte à l'équateur. Les points
» de la surface qui se trouveront les plus
» déprimés, les plus rapprochés du centre
» après la deuxième rupture, et partant ceux
» qu'il faudra relever pour rétablir la forme
» normale, seront les vastes espaces où au-
» cun soulèvement n'a encore eu lieu, et
» qui, dans notre supposition, sont compris
» entre la direction du méridien soulevé et
» celle de l'équateur. La marche du troi-
» sième soulèvement devra donc être paral-
» lèle, ou à peu près, à l'un ou à l'autre des
» deux grands cercles qui, en partant simul-
» tanément de l'équateur, se dirigeraient
» vers le N.-E. ou vers le N.-O. Le fuseau
» en bas-relief pourra être situé dans la par-
» tie septentrionale ou dans la partie méri-

» dionale du globe; dans l'hémisphère où
» les autres soulèvements ont déjà eu lieu,
» ou bien dans l'hémisphère opposé. Son
» emplacement plus précis sera encore dé-
» terminé par les points de moindre résis-
» tance. Plus tard, d'autres bossellements
» demi-circulaires se feront dans les espaces
» intermédiaires; mais après une suite
» plus ou moins longue de répétitions, les
» chances redeviendront favorables au re-
» tour des anciennes directions, et ainsi de
» suite. Ce fait de la répétition de direc-
» tions analogues, dont les soulèvements
» appartiennent à des époques très éloignées
» l'une de l'autre, est complétement con-
» staté par l'observation. Il n'est pas né-
» cessaire d'ajouter que la direction méri-
» dionale du premier soulèvement n'est
» qu'une pure supposition, qu'elle n'est
» aucunement nécessaire; que ce même
» bossellement a pu se faire suivant une
» tout autre direction quelconque, entraî-
» nant alors également une position diffé-
» rente des bossellements successifs. Nous
» avons dit de même que l'emplacement de
» ces bombements postérieurs pouvait être
» dans l'hémisphère où s'est fait le premier,
» ou bien dans l'hémisphère opposé (1). »

(1) L. Frapolli, *Bulletin de la Société géologique de France*,
2e série, t. IV, p, 627.

Il n'est fait allusion dans ces aperçus qu'à des combinaisons qui font partie de la *symétrie quadrilatérale;* mais à l'époque où M. Frapolli les a publiés, et où, plus d'une fois, nous nous en sommes entretenus, nous ne songions, je crois, ni l'un ni l'autre à la *symétrie pentagonale.*

Cette dernière symétrie s'étant révélée par l'analyse des résultats de l'observation, c'est d'après les combinaisons qu'elle comporte, et non d'après celles qui dépendent uniquement de la symétrie quadrilatérale, qu'on pourra chercher à deviner *à priori* quelle est la loi suivant laquelle les directions des différents systèmes de montagnes se sont coordonnées entre elles, et commandées successivement les unes les autres.

Quant à la question de savoir comment la *symétrie pentagonale* elle-même a pu être produite par la contraction progressive de la masse interne du globe, on peut y répondre par les remarques que j'ai présentées, page 902, touchant la supériorité qu'elle possède, comme principe de division de la sphère, sur la *symétrie quadrilatérale* et sur toute autre combinaison. J'ajouterai seulement ici quelques considérations propres à rendre plus sensible l'application de ces remarques.

Les effets de la contraction de la masse
interne sur l'écorce entière du globe, quoique
tendant à produire une compression et
non un écartement, ont eu cependant
une analogie sensible avec ceux du re-
trait qui a produit la division du basalte
en prismes à 3, à 4, et plus souvent
encore à 6 faces. Il est vrai que dans
l'exposé précédent il est question de *pentagones*, et de diverses combinaisons où
entre le nombre 5 au lieu de l'*hexagone
régulier* qui, dans l'état normal du phénomène, sert de base aux prismes basaltiques.
Mais cette différence n'est qu'un changement de forme que les propriétés de la sphère
introduisent dans la manifestation d'une
même tendance fondamentale. Le basalte se
divise en prismes hexagonaux, parce que le
triangle équilatéral, le *carré* et l'*hexagone*
sont les seuls polygones réguliers qui puissent servir à diviser un plan en parties
toutes égales entre elles, comme on le voit
dans les appartements carrelés; et que parmi
ces trois polygones, l'hexagone est celui qui
a le plus grand nombre de côtés et le *péri-
mètre minimum* pour une surface donnée.
Mais, à cause de l'*excès sphérique*, la sphère
n'est pas divisible en hexagones réguliers ni
en quadrilatères à angles droits; elle ne

peut être divisée par des arcs de grands cercles qu'en *triangles équilatéraux*, en *quadrilatères à angles de* 120 *degrés* et en *pentagones réguliers*. Le pentagone remplace ici l'hexagone ; de là l'introduction du nombre 5, et les diverses combinaisons qui en résultent.

Les 15 cercles qui divisent la sphère en 12 pentagones réguliers jouissent d'une propriété de contour *minimum* qui en fait le système de lignes de *plus facile écrasement*. Si tous les ridements de l'écorce terrestre s'étaient produits simultanément, ces 15 cercles se seraient peut-être dessinés seuls ; mais comme leur production a été successive, les cercles *octaédriques*, *dodécaédriques* et autres ont été probablement des intermédiaires nécessaires pour passer de l'un à l'autre des cercles fondamentaux. Tous ensemble constituent peut-être comme une espèce de *clavier* sur lequel la nature toujours en action exécute, depuis que le globe terrestre a commencé à se refroidir, une sorte d'harmonie séculaire.

L'observation établit l'ordre chronologique dans lequel ils se sont produits ; mais comme cet ordre doit résulter aussi de la manière dont les différentes directions se sont commandées les unes les autres, on trouvera là un nouveau moyen de contrôler la théorie par l'observation. Ce sera peut-être un jour une branche importante des études géologiques.

Il y aura lieu d'examiner, par exemple, la question de savoir si les *points singuliers* légèrement coniques qui se sont formés dans l'enveloppe solide aux deux extrémités de chaque fuseau comprimé latéralement ne seraient pas les points de croisement des cercles du *réseau pentagonal*, tels notamment que les 60 points T, sommets des petits pentagones formés par les *octaédriques*, et dans quel ordre successif ces *points singuliers* ont dû se former; mais je n'aborderai pas ici ce genre de considérations qui me conduirait trop loin.

Je me borne à faire remarquer que la précision singulière avec laquelle le *réseau pentagonal* s'adapte aux accidents de l'écorce terrestre prouve que les fuseaux auxquels j'ai fait allusion ont obéi dans leur ensemble, avec une grande exactitude, aux lois générales d'où dérive la *symétrie pentagonale*. Mais ces lois générales, qui procèdent du grand au petit comme les lois astronomiques, et non du petit au grand comme les lois cristallographiques, n'exigent pas que la régularité des fuseaux se soutienne dans tous les détails de leur structure ; elles conduisent au contraire à concevoir l'existence d'une confusion *en apparence* inextricable dans les accidents de détail, et en cela elles sont encore parfaitement conformes aux faits observés.

Cette apparence de désordre résulte principalement de ce que des rides discontinues ont pu satisfaire à la nécessité où se trouvait l'écorce solide du globe de diminuer son étendue superficielle d'une quantité équivalente à un fuseau, presque aussi rigoureusement que l'aurait fait un bourrelet continu embrassant toute la longueur d'un demi-grand cercle. Ces rides séparées, quoique connexes, qui, toutes ensemble, forment en quelque sorte la *monnaie* d'un bourrelet continu, sont nées souvent, de part et d'autre, du grand cercle qui représente le milieu du fuseau à des distances plus ou moins g andes, et leurs positions ont été déterminées, au moins en partie, par les points de moindre résistance de l'écorce terrestre, ou par d'autres conditions mécaniques, et peut-être, comme je l'ai dit plus haut, par des forces expansives, telles que celles qui se développent dans les foyers volcaniques. La direction normale de chacune de ces rides partielles est parallèle au grand cercle mé·

dian du fuseau, c'est-à-dire perpendiculaire
à la perpendiculaire à ce grand cercle qui
passe par le milieu de sa propre longueur;
mais elles peuvent dévier quelquefois de
cette direction pour prendre celle de rides
préexistantes.

Chacune de ces rides partielles est un
chaînon de montagnes. La largeur d'un pareil chaînon est rarement supérieure à deux
ou trois fois l'épaisseur de l'écorce terrestre;
mais l'espace total dans lequel se sont disséminés les différents *chaînons* qui forment
comme la *monnaie* d'un bourrelet demi-
circulaire a généralement une largeur plus
grande qui peut aller jusqu'à 20 degrés
et au delà. Cet espace, qui n'a pas de
limite bien distincte, a souvent un contour
assez régulier qui ne rappelle que grossièrement celle du fuseau qu'il représente.
Cependant une largeur de 20 degrés,
comparée à une longueur de 180 degrés,
n'en est que la neuvième partie, et laisse
encore à l'espace occupé par un *système
de montagnes* une forme très allongée.
Elle suffit pour qu'un *système de montagnes*
embrasse de vastes contrées, mais elle ne
lui permet d'occuper qu'un dix-huitième de
la surface du globe. Il faudrait dix-huit systèmes pareils placés côte à côte pour couvrir

le globe entier, et l'on conçoit aisément qu'il en a fallu un nombre beaucoup plus considérable pour faire naître dans presque tous les pays des accidents orographiques qui se croisent suivant des directions multipliées.

La longueur de chaque *chaînon* de montagnes est très variable ; mais, comme je l'ai remarqué d'une manière générale, ces chaînons se terminent très souvent aux cercles du *réseau pentagonal* de manière à remplir l'intervalle compris entre deux de ces cercles, et à être tronçonnés et rejetés par eux. L'application du calcul nous en a fait découvrir des exemples d'une précision plus ou moins grande et quelquefois étonnante (Bara-head, Innishowen-head, Tuskar-rock, Longships, Ouessant, Chaussée de Sein, Île d'Alboran, etc.). D'autres fois c'est le milieu ou le point culminant d'un chaînon de montagnes qui se trouve sur un cercle du *réseau pentagonal*, ou même à l'intersection de deux cercles (mont Lugnaquillo, Guadarama, Mulehacen).

Outre les points de moindre résistance, diverses circonstances paraissent avoir influé sur la position qu'a prise individuellement chacun de ces chaînons. Très souvent ils sont placés de manière que leur axe

prolongé passe par un des points de croisement du réseau. Le massif du Tatra et les
collines du Sancerrois nous en ont offert
deux exemples frappants. Les grands cercles de comparaison provisoires des systèmes
qui portent ces deux noms, déterminés par
la condition de passer, l'un par le mont
Lomnica dans le Tatra, l'autre par les collines du Sancerrois, se sont trouvés passer
presque exactement par le centre du pentagone européen près de Remda, quoique les
cercles que le *réseau pentagonal* nous a fournis pour représenter ces deux systèmes passent dans le midi de l'Europe. Les centres
ou les extrémités de plusieurs chaînons
d'âges différents et de directions diverses se
sont quelquefois placés plus ou moins exactement au même point, ce qui a donné
naissance à des groupes montagneux d'une
forme rayonnée (Bretagne, comté de Wicklow, Sierra-Nevada, Altaï, etc.).

D'autres fois, des chaînons de dates et
d'orientations diverses se sont ajustés de
manière à former des espèces de *caustiques*
qui représentent les axes de certaines chaînes de montagnes recourbées, telles que les
Alpes, le Jura, les Wealds du Sussex, les
andes de l'Amérique méridionale depuis le
détroit de Magellan jusqu'à l'île de la Tri-

nité, etc. Quelquefois même des chaînons appartenant à différents systèmes se sont placés et combinés de manière à former une enceinte continue comme celle de la Bohême. Le jeu réciproque des compartiments, on pourrait presque dire des *assules*, dans lesquelles les cercles du réseau pentagonal divisent l'enveloppe solide de la terre (à l'instar du test presque sphérique de certains échinodermes), a probablement influé sur ces dispositions remarquables.

La partie de l'écorce terrestre sur laquelle se sont disséminés les différents *chaînons* qui constituent un même *système de montagnes* a généralement subi, au moment de leur apparition, une déformation en rapport avec la position et avec l'orientation de ces chaînons. Dans l'intervalle compris entre deux chaînons parallèles, la *convexité de sa courbure* dans le sens transversal à leur direction a généralement *diminué;* quelquefois même elle s'est changée en une *concavité*. Les parties dont la convexité avait diminué, de même que celles dont la courbure transversale était devenue concave, se sont trouvées dans leurs diverses parties à des distances inégales du centre de la terre, et de là sont résultées des *dépressions* qui ont été envahies par des mers, des golfes,

des lacs, ou qui ont formé les bassins des
fleuves et des rivières. Celles de ces dépressions qui sont réellement *concaves* sont très
petites; la plupart ont un fond *convexe*,
ainsi qu'on peut en juger par le tableau
suivant dans lequel sont indiquées les largeurs et les profondeurs de quelques unes
d'entre elles, ainsi que la flèche de l'arc qui
joint leurs deux bords sur la terre supposée
sphérique, et la saillie de leur fond au-dessus de la corde de cet arc.

La première ligne de ce tableau exprime
que la ligne la plus courte qu'on puisse
tracer de Dieppe à Hastings sur la surface
de la mer supposée sphérique est un arc de
grand cercle de 111 kilomètres de longueur.
La corde de cet arc est plus courte encore,
mais elle passe dans l'intérieur de la sphère,
et son point milieu est à 242 mètres au-
dessous du point milieu de l'arc. La Manche
ayant dans cette partie 59 mètres de profondeur *maximum*, on voit que la corde,
dans son milieu, se trouve à 242 — 59 =
183 mètres au-dessous du fond. Le fond est
même en saillie de plus de 183 mètres au-
dessus de la corde, si la profondeur *maximum* ne répond pas exactement au milieu
de l'arc.

Tableau des largeurs, des profondeurs, des flèches de courbure de quelques nappes d'eau et des saillies de leur fond.

	LARGEUR.	PROFON-DEUR maximum.	FLÈCHE de la courbure de la surface.	SAILLIE du fond.
	Kilom.	Mét.	Mét.	Mét.
La Manche, entre Dieppe et Hastings.	111	59	242	183
Le lac Supérieur , entre Kewenaw-Point et l'île Michipicoton.	150	241	500	259
La mer Caspienne, entre Nizabad et la côte d'Asie.	246	200?	1,125	923
La mer Baltique, entre Mémel et l'île d'Oland. .	290	100?	1,651	1,351
La mer du Nord, entre Whitby et le Jutland. .	600	100	6,900	6,800
La Méditerranée, entre Toulon et Philippeville.	733	2,600	10,554	7,954

Les chiffres contenus dans le tableau précédent montrent péremptoirement que les
bassins des nappes d'eau auxquelles il se
rapporte ne *sont pas des bassins* dans l'acception ordinaire de ce mot. Ce ne sont pas
des *cavités*, mais des parties de l'écorce
terrestre *un peu moins convexes que les
autres*, et cette remarque s'applique aussi
au fond des grandes mers dont la flèche de
courbure surpasse toujours *de beaucoup* leur
profondeur maximum qu'on n'a trouvée nulle
part encore supérieure à 10,000 mètres.

Si, dans l'étude des irrégularités que présente la configuration extérieure du globe,
on fait d'abord abstraction des aspérités
dont la base a peu de largeur, c'est-à-dire
des montagnes et des érosions peu profondes, telles que la plupart des vallées, on
trouve que la surface solide de la terre
est presque universellement convexe. Un
plan qui lui est tangent en un point ne
la rencontre en aucun autre point, et ce ne
sont généralement que les montagnes et les
flancs des vallées qui s'élèvent au-dessus
de l'horizon, et qui produisent, en chaque
lieu, les accidents variés du paysage.

La forme généralement convexe de la
surface solide du globe s'éloigne de la surface
du sphéroïde régulier représentée par la

superficie des eaux tranquilles d'une quantité suffisante pour donner lieu à des dépressions que recouvrent les mers, et à des
saillies qui forment les continents. Mais la
quantité dont les deux surfaces s'écartent
l'une de l'autre est si peu considérable, par
rapport au rayon moyen de la terre, que
leur courbure est non seulement tournée du
même côté, c'est-à-dire convexe vers le ciel,
mais qu'elle est même généralement assez
peu différente dans les points qui se correspondent.

Les chiffres du tableau précédent ne sont
pas assez précis pour mettre cette vérité dans
tout son jour. Ils ont été obtenus par un calcul rapide dans lequel j'ai remplacé la surface
du sphéroïde terrestre par celle d'une sphère
d'un volume égal; ils suffisent pour faire
comprendre que la surface de l'écorce terrestre est généralement convexe, malgré les
légères irrégularités qu'elle présente, mais ils
ne donnent pas une mesure rigoureuse de ces
irrégularités; or celles-ci sont assez légères
pour qu'on ne puisse s'en faire une idée complétement exacte sans comparer la surface
convexe légèrement irrégulière de l'écorce
terrestre à celle du *sphéroïde* régulier, en
ayant égard aux considérations délicates qui
se rapportent aux variations de la courbure

d'une surface qui n'est pas exactement sphérique.

Une surface quelconque a en chaque point
deux lignes de courbure qui se coupent à
angle droit. L'une est celle du rayon de
courbure *minimum* et l'autre est celle du
rayon de courbure *maximum;* les deux
rayons de courbure sont toujours dirigés
suivant la normale, mais quelquefois ils
sont placés en sens inverse, l'un au-dessus,
l'autre au-dessous de la surface. Dans les
surfaces sphéroïdales, ils sont dirigés l'un
et l'autre du même côté, c'est-à-dire dans
la concavité de la surface. Ils sont généralement inégaux, excepté dans quelques
points particuliers, et ils varient généralement d'un point à un autre. Dans la sphère,
ils n'ont tous qu'une seule et même valeur,
qui est celle du rayon de la sphère.

Dans un sphéroïde régulier, les lignes de
courbure sont les méridiens et les parallèles.
Les méridiens sont les lignes de courbure
du rayon *minimum*, et les parallèles celles
du rayon *maximum*. Pour tous les points
d'un même parallèle on a le même rayon
de courbure *maximum*, et le même rayon
de courbure *minimum*. A l'équateur, le
rayon de courbure *maximum* est le rayon
même de l'équateur. Au pôle, le parallèle

se réduit à un point, et il n'existe qu'un seul rayon de courbure, c'est celui de tous les méridiens qui s'y coupent mutuellement.

En appelant ρ et ρ' le rayon de courbure *minimum* et le rayon de courbure *maximum* de chaque point de la surface de sphéroïde, on trouve, d'après les formules données par M. Puissant (1), qu'en supposant l'aplatissement égal à $\frac{1}{305}$, on a :

Au pôle, $\rho = \rho' = 6,397,830$ mètres.

A l'équateur, $\begin{cases} \rho = 6,335,104 \\ \rho' = 6,376,851 \end{cases}$

A 45° de latitude, $\begin{cases} \rho = 6,366,499 \\ \rho' = 6,387,321 \end{cases}$

Les deux premières de ces valeurs qui appartiennent au rayon de courbure du pôle et au rayon de courbure du méridien à l'équateur, sont l'une la plus grande et l'autre la plus petite valeur de tous les rayons de courbure que présente la surface du sphéroïde régulier. Ces valeurs ne s'écartent cependant pas très considérablement de celle du rayon d'une sphère d'un volume égal à celui de la terre, qui est de 6,369,874 mètres, et leur différence, qui est de 6,397,830 — 6,335,104 = 62,726 mètres, n'est pas

(1) Puissant, *Traité de géodesie*, t. I, p. 288.

un centième de rayon du globe, circonstance qui peut contribuer à faire sentir encore mieux combien le sphéroïde terrestre est peu différent d'une sphère.

Mais ce que je désire faire bien concevoir, c'est que la surface du sphéroïde légèrement irrégulier que forme l'écorce solide de la terre, abstraction faite de ses aspérités, diffère elle-même assez peu d'une sphère pour que les valeurs de la plupart de ses rayons de courbure ne s'écartent pas beaucoup de celles des rayons de courbure du sphéroïde régulier.

La surface de l'*écorce terrestre*, supposée dégagée de ses aspérités, a toujours en chaque point ses deux lignes de courbure qui se coupent à angle droit, mais qui ne sont pas nécessairement dirigées vers les points cardinaux, comme celles du sphéroïde régulier. L'une est la ligne du rayon de courbure *minimum* et l'autre celle du rayon de courbure *maximum*. Ces deux rayons de courbure pourraient être déterminés pour chaque point. Si on les calculait et qu'on les rangeât par ordre de grandeur, on en trouverait certainement un certain nombre qui seraient inférieurs à 6,335,104 et d'autres qui seraient supérieurs à 6,397,830 mètres, mais la plupart seraient compris entre ces deux valeurs extrêmes des rayons de courbure du sphéroïde régulier.

Pour le faire suffisamment entrevoir, il me suffira de consigner ici le calcul relatif à deux exemples particuliers.

Aucune des dépressions de l'écorce terrestre n'a acquis plus de célébrité que la *grande dépression de la mer Caspienne*. Dans son important ouvrage sur l'*Asie centrale*, M. de Humboldt a discuté, avec la profonde sagacité qui le caractérise, tout ce qui se rapporte à ce curieux phénomène de géographie physique. L'illustre voyageur évalue à 12 t. 7 = 24^m,75277 la dépression de la mer Caspienne au-dessous de la surface de l'Océan, et il estime l'*area* de l'enfoncement total, y compris ce qui est actuellement couvert par les eaux de la mer Caspienne, et en excluant le lac Aral, à 18,000 lieues marines carrées (1). La ligne à 0 mètre de hauteur, qui circonscrit l'espace déprimé, a un contour assez irrégulier, et la mer Caspienne occupe dans cet espace une position excentrique. Ses eaux recouvrent une dépression plus étroite comprise dans la grande dépression générale, mais dirigée à peu près de son centre vers un de ses angles. J'ai fait voir ci-dessus que la dépression étroite

---

(1) Humboldt, *Asie centrale*, t. II, p. 311.

que couvrent les eaux de la mer Caspienne
a un fond *convexe* ; il en est de même *à
fortiori* de la grande dépression considérée
dans son ensemble. Celle-ci n'est pas exac‑
tement circulaire, mais sa partie septen‑
trionale ne s'éloigne pas beaucoup de la
forme d'un demi-cercle dont le centre serait
placé à l'E.-N.-E. d'Astrakhan, entre 46
et 47 degrés de latitude, sur le bord de la
mer Caspienne, très peu profonde dans cette
partie. Le rayon de ce demi-cercle a à peu
près pour valeur

$$l = 5555^m,55 \sqrt{\frac{18,000}{\pi}} = 420,522^m$$

Son diamètre $2l$ est un arc de 841,044 mèt.
de longueur, dont les deux extrémités sont
au niveau de l'Océan ; et dont le milieu est
déprimé de $24^m,75277$ au-dessous de ce ni‑
veau. Il est un peu moins convexe que ne
serait l'arc correspondant tracé sur la sur‑
face sphéroïdale régulière que formeraient
les eaux de l'Océan, si elles recouvraient la
dépression. Il a par conséquent un rayon
de courbure *plus grand*, et l'on peut se pro‑
poser de calculer ce rayon de courbure pour
le comparer aux valeurs extrêmes des rayons
de courbure du sphéroïde régulier.

On trouve aisément que si l'on désigne

par R le rayon d'un cercle, par 2 *l* la longueur d'un arc de ce cercle, par *f* la flèche de cet arc, par R′ le rayon d'un second cercle qui passe par les deux extrémités de l'arc 2 *l*, en tournant sa convexité du même côté, par *f*′ la flèche de l'arc de ce second cercle compris entre les deux points d'intersection, on a approximativement, en supposant que *l* soit une petite fraction de la circonférence entière :

$$R' = R - \frac{dR}{df}\left(f - f'\right)$$

$$\frac{dR}{df} = 1 - 2\,\frac{R^2}{l^2}$$

Ici $l = 420,522^m$ et $f - f' = 24^m,75277$; quant à R, c'est le rayon de courbure de l'arc du sphéroïde régulier qui correspond au diamètre de la dépression. Ce rayon varie un peu avec la direction du diamètre que l'on considère, et il est le plus grand possible pour le diamètre dirigé de l'E. à l'O. Comme ce diamètre est peu éloigné du 45ᵉ parallèle, on peut prendre pour la valeur de R celle du rayon de courbure *maximum* du sphéroïde à 45° et poser R = 6,387,321 mètres.

D'après ces données, on obtient immédiatement

$$R' = 6,398,718 \text{ mètres.}$$

Le rayon de courbure du sphéroïde régulier

au pôle étant de 6,397,830, on voit que le plus grand rayon de courbure de la grande dépression de la mer Caspienne ne le surpasse pas tout à fait de 1000 mètres. Les autres rayons de courbure de la même surface seraient tous plus petits, et celui de l'arc dirigé dans le sens du méridien serait notablement plus petit.

De là il résulte que la surface de cette partie déprimée des steppes de la Russie orientale qui aboutit à la mer Caspienne est réellement convexe. Sa convexité est un peu moins grande que celle des parties correspondantes du sphéroïde régulier, mais elle est à peu près égale à celle des parties circumpolaires de ce sphéroïde. L'un de ses rayons de courbure est, à la vérité, un peu plus grand que le rayon de courbure du sphéroïde régulier au pôle; mais elle a aussi des rayons de courbure plus petits et même dans une plus forte proportion.

La dépression de la mer Caspienne est beaucoup moins profonde que ne le sont les bassins des grandes mers; mais elle est aussi beaucoup moins étendue. Le calcul appliqué aux dépressions occupées par les grandes mers donnerait probablement des résultats à peu près du même ordre que celui que nous venons de trouver.

Le calcul précédent s'applique à la dépression de la mer Caspienne, telle que l'observation nous la présente, ou du moins à la partie de cette dépression dont la forme est à peu près régulière. Si l'on supposait que cette même dépression est l'effet d'un phénomène *unique, isolé, régulier*, dans lequel une partie circulaire de l'écorce terrestre d'un diamètre (en arc) de 841,044 mèt. s'est abaissée dans son centre de $24^m,75277$ (réunion de suppositions qui, je me hâte de le dire, est plus qu'improbable), on calculerait assez facilement la proportion dans laquelle le sol de la dépression de la mer Caspienne aurait diminué de superficie en diminuant de convexité sans diminuer de contours. On trouverait :

$$\frac{d\,l}{d\,f} = \frac{l}{2\,\mathrm{R}}$$

et $\dfrac{d\,l}{d\,f}$. $24,75277 = 0,0000019$.

D'où il suit que chacun des diamètres de la dépression aurait diminué d'environ *deux millionièmes*. On trouverait aussi que, par la diminution de la convexité, l'étendue superficielle de l'espace déprimé dont le contour n'aurait pas changé, aurait diminué dans la même proportion que le rayon l,

ce qui tient à ce que la contraction a
lieu ici uniquement dans le sens du rayon.
La diminution d'étendue n'aurait pas porté
uniformément sur tous les points de la surface. Elle aurait été nulle au centre, et
aurait eu son maximum près des contours.
Dans cette partie, elle aurait dépassé notablement *deux millionièmes*. Une matière solide quelconque peut en général supporter,
sans s'écraser, une compression propre à
réduire une de ces dimensions de beaucoup
plus de deux millionièmes. Mais il y a une
limite au delà de laquelle la matière solide
s'écrase plutôt que de continuer à se com-
primer régulièrement. Lorsque la limite de
l'écrasement s'est trouvée atteinte en un
point par la répartition inégale de la diminution d'étendue que le bossellement de
l'écorce terrestre imposait à quelques unes
de ses parties, la matière écrasée a *surgi*
à la surface en forme de montagnes, ainsi
que je l'expliquerai ultérieurement.

L'application du calcul au *phénomène réel*
dans lequel toutes les parties de l'écorce
terrestre ont réagi les unes sur les autres
serait beaucoup plus compliquée, mais les
résultats seraient analogues, quoique variables sur une échelle beaucoup moins restreinte, en ce qui concerne l'inégale altération

de l'étendue superficielle de chaque élément, la localisation des phénomènes d'écrasement et le *surgissement au-dessus de la surface* des masses écrasées par une pression transversale. Je reviendrai dans la suite sur ce point essentiel.

Cet exemple de calcul, quoique borné à une surface peu étendue, offrira cependant quelque intérêt, si l'on observe que le sol déprimé auquel il se rapporte est traversé par plusieurs rivières, grandes et petites, qui y trouvent la pente nécessaire, et que, sauf certaines circonstances dues à la salure du sol et à la sécheresse de l'air, il ressemble à beaucoup de grands pays de plaines, tels que les plaines de la Russie d'Europe, de la Sibérie, du Sahara, du Mississipi, de l'Orénoque, de l'Amazone, de la Plata, etc.

Les parties de ces plaines qui forment les bassins des grands fleuves, dont plusieurs d'entre elles portent les noms, sont un peu moins convexes que les parties correspondantes du sphéroïde régulier, et, par conséquent, les rayons de courbure y sont plus grands, mais dans une proportion qui ne dépasserait pas, ou qui ne dépasserait que faiblement celle que nous venons de trouver pour la dépression de la mer Caspienne.

Ces parties déprimées de l'écorce terres-

tre sont quelquefois séparées par des chaînes
de montagnes, telles que l'Oural, qui s'in-
terpose entre les plaines de la Russie et celles
de la Sibérie; mais d'autres fois elles sont
raccordées entre elles par des parties qui s'é-
loignent au contraire de la moyenne par un
surcroît de convexité, sans présenter néanmoins aucune anfractuosité dans leurs contours. On peut citer comme exemple le
bombement léger que M. de Humboldt a
signalé entre les affluents du haut Orénoque et ceux de l'Amazone; la région des
portages, où les eaux des pluies réunissent
souvent entre eux les ruisseaux qui coulent
d'une part vers le Mississipi et de l'autre
vers le lac Supérieur et les grands lacs ad-
jacents; le plateau de Pinsk, en Pologne,
où un même marais donne à la fois naissance à des ruisseaux qui coulent vers la
mer Baltique et à d'autres qui coulent vers
la mer Noire; la région remplie de petits
lacs qui s'étend entre la dépression de la mer
Caspienne et le bassin de l'Irtisch, etc. Ces
régions, un peu plus convexes que les parties correspondantes du sphéroïde régulier,
ont des rayons de courbure un peu *plus
courts*, mais également dans des proportions très faibles.

D'après les chiffres précieux dont M. de

Humboldt a enrichi son grand ouvrage sur l'Asie centrale, on peut aisément calculer que les grandes plaines *dépourvues de montagnes* et de vallées profondes, auxquelles se rapportent les remarques précédentes, occupent à peu près *la moitié* de la surface des continents.

L'autre moitié de la surface des continents se partage en pays montueux, en plateaux et en plaines basses et unies qui occupent encore plus du tiers de cette seconde moitié, et auxquelles les remarques qui précèdent s'appliqueraient également.

Quant aux plateaux et aux pays montueux, si l'on faisait abstraction des érosions peu profondes, c'est-à-dire de la plupart des vallées et des aspérités saillantes, c'est-à-dire des montagnes, on trouverait encore que la masse du sol y présente de larges ondulations, composées de bombements raccordés par des parties déprimées; et dans beaucoup de cas, les rayons de leur courbure générale ne s'écarteraient toujours que faiblement des rayons de courbure du sphéroïde régulier.

Afin d'en donner une preuve, je prendrai pour second exemple de calcul la protubérance de l'écorce terrestre dont on a le plus parlé, celle de l'Asie centrale. M. de Hum-

boldt, dans la série de ses immenses recherches, a réduit à leur juste valeur les exagé-
rations dont le grand plateau de la Tartarie
a été souvent l'objet. D'après lui, le *plateau
du Gobi*, dirigé du S.-O. au N.-E., n'a pas
700 toises de hauteur moyenne. Ce plateau,
abstraction faite des aspérités montagneuses,
s'abaisse d'une part vers les plaines de la Sibérie et de l'autre vers celles de la Chine. La
distance des plaines de la Sibérie, sur les
bords de Jenisseï, à celles de la Chine, sur
les bords du Hoang-ho, est d'environ 24°, et
la hauteur du Gobi au-dessus de ces plaines
est d'environ 1200 mètres, de sorte que
nous aurions ici

$$l = 12° = 1,333,333^m, \quad f' - f = 1200^m.$$

Le milieu du Gobi est situé à environ 45°
de latitude, et le rayon de courbure du
sphéroïde que nous devons prendre pour
point de départ est celui qui se rapporte
non au méridien, ni à l'arc perpendiculaire
au méridien, mais à l'arc dirigé au N.-O.
transversalement à la direction du Gobi.
L'élégante formule de Meusnier nous donne,
pour la valeur de ce rayon de courbure :

$$R = \frac{2\, \rho\, \rho'}{\rho + \rho'} = 6,376,896 \text{ mètres.}$$

D'après ces bases, les formules ci-dessus,

qui sont encore suffisamment exactes pour une amplitude de 12°, donnent, en ayant égard au changement de signe du terme :

$$\frac{d\,\mathrm{R}}{d f}(f - f'),$$

$$\mathrm{R}' = 6,323,199 \text{ mètres.}$$

Ce rayon de courbure est un peu inférieur à 6,335,104, valeur du rayon de courbure du méridien à l'équateur, lequel est le plus petit rayon de courbure de tout le sphéroïde régulier ; mais aussi c'est vraisemblablement le plus petit de tous les rayons de courbure de la protubérance du Gobi qui est très allongée dans la direction du S.-O. au N.-E. et dont le rayon de courbure rapporté à cette direction diffère probablement très peu de celui de l'équateur. Ainsi, la convexité de la protubérance du Gobi est un peu plus grande que celle du sphéroïde régulier à l'équateur, mais dans une très faible proportion.

La même formule appliquée aux plateaux du Mexique, des Castilles, de l'Asie Mineure, donnerait pour les rayons de courbure des grandeurs plus anomales ; mais ces exemples seraient mal choisis, parce que l'écorce terrestre présente, dans les régions que je viens de citer, des discontinuités dont il n'est pas permis de faire abstraction, et sur lesquelles je reviendrai dans un instant. Il doit être d'ailleurs bien entendu que je ne présente pas les remarques précédentes comme des règles sans exceptions, et il n'est pas nécessaire qu'elles soient sans exceptions pour offrir l'expression d'un fait général et important; mais plus on les appliquera sur une petite échelle, plus on trouvera des résultats anormaux.

Ces différents rayons de courbure appartiennent à des portions de l'écorce terrestre d'autant moins étendues que leurs valeurs sont plus anomales. Ceux surtout qui sont dirigés vers l'extérieur, et qui représentent des courbures dont la concavité est tournée vers le ciel, ne peuvent se rapporter qu'à des espaces très restreints, car aucune section du globe terrestre faite par un plan diamétral ne pourrait, dans son ensemble, se distinguer *à la simple vue* d'un cercle parfait. Ces courbures diverses, lorsqu'elles sont toutes convexes, se raccordent entre elles, à peu près comme les divers éléments de la courbe si connue des constructeurs sous le nom d'*anse de panier;* et toutes forment par leur réunion une surface assez peu différente d'une sphère, pour qu'en dépit même de l'aplatissement des pôles, une sphère exacte puisse être inscrite, ainsi que je l'ai démontré plus haut, p. 1243, dans la mince épaisseur de la voûte ou de la coquille terrestre.

Il n'y aurait aucune utilité à accumuler ici davantage les formules approximatives et les chiffres sur ces questions délicates, qu'il ne serait pas sans intérêt de traiter complètement par une analyse rigoureuse ; mais il importe de remarquer que, dans l'état présent de la science, il serait impossible d'arriver en ces matières à une précision absolue, à cause de l'imperfection des connaissances acquises sur la *forme réelle* de la terre. Nous avons supposé, ainsi qu'on le fait ordinairement, que la surface des eaux tranquilles est un sphéroïde régulier, c'est-à-dire un *ellipsoïde de révolution* ; mais tout le monde sait que c'est là une simple approximation. On ne connaît pas encore deux méridiens rigoureusement égaux entre eux. Aucun d'eux n'est une ellipse régulière, et aucun des parallèles n'est un cercle parfait. L'équateur lui-même n'est pas rigoureusement un cercle. Ces irrégularités ont une influence nécessaire sur la grandeur des rayons de courbure, tant de ceux de la surface des eaux tranquilles, que de ceux de la surface géné-

rale de l'écorce terrestre. Mais on peut ajouter que les irrégularités de la surface des
eaux sont trop peu considérables pour que
leur influence sur les rayons de courbure
puisse infirmer les conclusions *générales* que
nous avons entrevues.

Le peu que je viens de dire, suffira
pour faire concevoir que les bossellements
de l'écorce terrestre, auxquels sont dues
les configurations générales des continents
et des mers, sont des augmentations ou
des diminutions de convexité du même
ordre de grandeur, *à peu près*, que les
différences de convexité qui existent entre
les diverses parties du sphéroïde régulier.
Pour produire ces bossellements, certaines
parties se sont éloignées du centre, d'autres
s'en sont rapprochées, et celles-ci ont
éprouvé généralement une augmentation
dans la grandeur de leur rayon de courbure
qui, cependant, sauf quelques cas particuliers très restreints, n'est pas devenu infini,
ce qui les aurait rendues planes, et a encore
moins changé de direction, ce qui les aurait
rendues concaves. Comme elles se sont rapprochées du centre, on peut dire qu'elles se
sont *affaissées*, mais une simple diminution
dans leur convexité ne permettrait pas de
dire qu'elles se sont *écroulées*. Elles n'ont

éprouvé qu'une inflexion très légère, comparable tout au plus à celle qu'éprouve un plancher dont on charge le milieu d'un poids considérable. Une flexion aussi faible n'a pu disloquer, bouleverser, ni même incliner d'une manière sensible pour la vue les couches sédimentaires étendues sur la surface. Eu égard à la grandeur de leur portée, ces mouvements des assises sédimentaires sont à peine comparables à ceux qui accompagnent presque toujours le *décintrement* d'une voûte. On peut en juger par quelques exemples sur lesquels j'ai appelé depuis longtemps l'attention des géologues.

Au sud du cap Blanc, la côte de l'océan Atlantique est basse et sablonneuse sur une grande étendue ; et à l'est du Nord-Kyn, voisin du cap nord de la Laponie, la côte est de même assez peu élevée. Dans l'intervalle de ces deux points, au contraire, les côtes *qui regardent la haute mer* sont généralement formées par des terres élevées qui, lorsqu'elles ne sont pas composées de roches primitives, opposent du moins à l'Océan une barrière de couches redressées; disposition qui semble indiquer que le long de cette ligne tous les terrains plats et peu élevés ont été submergés.

Il est, dans le nouveau continent, une

contrée qui oppose 'aux flots de l'Atlantique un bourrelet de montagnes aussi simp'e dans sa forme que celui que leur présente la Péninsule scandinave, mais qui est double en étendue. Je veux parler en ce moment de la côte E.-S.-E. du Brésil, comprise entre le cap Roque et l'embouchure de la rivière de la Plata (1).

Une disposition analogue se reproduit dans l'Amérique septentrionale, où les flots de l'Océan baignent les roches anciennes bouleversées du Labrador, de Terre-Neuve, de la Nouvelle-Écosse et de la Nouvelle-Angleterre. Mais l'état des choses change ainsi que la forme des rivages, à partir du Massachusets.

Un grand dépôt en partie tertiaire et en partie de transport, qui s'étend entre les Alleghanys et la mer, depuis l'île Nantucket, à l'est de New-York, jusqu'aux Florides et jusqu'au delà des bouches du Mississipi, repose directement sur les couches inclinées des terrains anciens, et ne présente lui-même aucune dislocation. D'après les observations récentes de MM. Lardner-Vanuxem et S.-G. Morton, publiées dans le *Journal de l'Académie des sciences naturelles de Philadelphie*, t. VI, on voit clairement que ces

(1) *Annales des sciences naturelles*, 1829, t. XVIII, p. 413.

dépôts tertiaires, déjà célèbres par leurs vastes bancs de grandes huîtres, qui rappellent ceux du département du Gers, offrent exactement la disposition qu'on devrait s'attendre à trouver le long d'un rivage qui aurait été simplement abandonné par une de nos mers.

Il ne serait pas impossible que le grand banc de Terre-Neuve ne fût autre chose que le prolongement sous-marin des plateaux tertiaires de la Géorgie, des Carolines, du Maryland, dont le petit groupe isolé des îles Bermudes semble indiquer l'extension ou l'ancienne existence dans l'océan Atlantique. Ces petites îles, dont les points les plus élevés n'ont pas plus de 200 pieds au-dessus de la mer, sont formées d'un conglomérat calcaire, pétri de coquilles et de coraux qui rappelle certaines roches très abondantes dans les dépôts tertiaires du midi de la France. (Voyez *Notice accompanying specimens from the Bermuda Islands*, by captain Welch. *Transactions de la Société géologique de Londres*, nouvelle série, t. I, p. 172.)

La description de MM. Vanuxem et Morton indique une circonstance qui serait d'une haute importance par les conséquences qu'on pourrait en tirer. Il paraît que l'ancienne ligne de niveau tracée sur le

flanc des Alleghanys par les dépôts tertiaires
et les alluvions antérieures aux rivières actuelles, qui couvrent leur base, a cessé d'être
horizontale ; elle va en s'élevant graduellement depuis la Nouvelle-Angleterre jusqu'au
delà du Mississipi, tandis qu'à l'est de l'île
de Nantucket elle semble s'enfoncer au-dessous du niveau de l'Océan, puisque depuis
cette île jusqu'au Groënland, on ne cite aucun dépôt tertiaire sur la côte N.-E. de l'A-
mérique. Il résulterait nécessairement de là,
que le continent américain aurait éprouvé récemment une espèce de mouvement de bas-
cule, qui l'aurait élevé vers l'occident et
abaissé vers l'orient, et l'on serait ainsi conduit à attribuer à la chaîne des Andes une
origine très récente.

Cette disposition n'est pas accidentelle.
On peut remarquer que les presqu'îles de
Bretagne et de Cornouailles, ainsi que l'Irlande, présentent une disposition toute
semblable entre les Alpes de la Suisse
et de la Norwége d'une part, et l'océan
Atlantique de l'autre ; les flots de l'O-
céan les baignent jusqu'au-dessus de la
ceinture jurassique et crayeuse qui les entoure. Telle est encore la disposition générale de la presqu'île occidentale de l'Inde,
relativement à l'océan Indien d'une part, et

à l'Hymalaya de l'autre. Les roches primitives qui occupent de vastes étendues
dans la partie méridionale de cette presqu'île et dans l'île de Ceylan, s'y trouvent
baignées, vers le sud et le sud-ouest, par les
eaux de l'Océan, au lieu d'y être bordées,
ainsi qu'on aurait pu s'y attendre, par une
ceinture des mêmes dépôts récents qui forment en partie les plaines du Gange, du
Brahm-Putra, de l'Irawaddy et une partie
des rivages du golfe du Bengale.

Ces rapports généraux de disposition tendent également à faire regarder les Alpes de
la Savoie comme plus récentes que les collines primitives de la Bretagne, l'Hymalaya
comme plus récent que les Gates, et les Andes
comme plus récentes que les Alleghanys (1).

Les progrès qu'a faits depuis vingt ans
l'étude géognostique des contrées que je
viens de citer n'ont pas infirmé la justesse de
ces aperçus. J'y admettais implicitement une
relation entre l'existence des montagnes et
les pentes des terrains plats couverts de couches sédimentaires qui s'élèvent légèrement
en approchant de leurs bases. L'existence
d'une série de plateaux élevés, qui de l'ouest
à l'est se succèdent à de courts intervalles
de l'Espagne et de l'Algérie, par la Morée

(1) *Annales des sciences naturelles*, 1829, t. XVIII, p. 321.

et l'Asie Mineure, jusqu'à la Perse et à l'Asie
centrale, dans une zone accidentée qui sépare les plaines basses du Sahara des plaines
baltiques, sarmates, russes et sibériennes, et
l'existence dans cette même zone des plus
hautes cimes de l'ancien continent, le pic
de Ténériffe, le Miltzin, le Mulehacen,
l'Etna, les hautes cimes des Alpes, celles du
Caucase, l'Argée, l'Ararat, le Demavend et la
longue série des pics neigeux de l'Hymalaya;
cette association si remarquable des principaux accidents orographiques de l'ancien
monde, parle d'elle-même en faveur de la
relation à laquelle je faisais allusion. Lorsqu'on observe en même temps que les terrains secondaires et tertiaires dont les couches s'élèvent sur les flancs des Alpes, du
Caucase et de l'Atlas, et se redressent dans
les accidents pittoresques des bords de la
Méditerranée, s'abaissent, au contraire, vers
les côtes généralement plus monotones de
la mer Baltique et de l'Océan (1), et se perdent insensiblement sous leurs eaux; lorsqu'on voit se manifester du côté opposé de
l'Atlantique une disposition analogue par
rapport à la longue zone montagneuse des
Andes et des montagnes Rocheuses, on con-

(1) *Explication de la carte géologique de France*, t. 1,
p. 32.

çoit qu'il s'agit ici des rapports généraux qui existent entre les chaînes de montagnes, les protubérances continentales et les dépressions de l'écorce terrestre que recouvrent aujourd'hui les eaux des mers.

On le conçoit mieux encore quand on analyse plus en détail ce grand phénomène; car on voit que les groupes montagneux peu élevés et d'une date généralement ancienne, comme la Bretagne, le pays de Galles, l'Écosse, l'Irlande, la Nouvelle-Angleterre, le Brésil, la presqu'île occidentale de l'Inde, tous ces groupes que les couches sédimentaires modernes ont entourés par zones plus ou moins exactement concentriques, ont été légèrement inclinés sur leurs bases, de manière que leurs ceintures sédimentaires, constamment découvertes du côté du continent, soient submergées du côté de la haute mer, dont les vagues viennent battre les couches redressées de leurs noyaux, et dont les côtes ne présentent d'autres accidents que des restes de rides anciennes et en partie effacées.

Ces remarques si simples, et d'une application si générale, conduisent à concevoir que le fond des mers n'est que la prolongation du sol incliné des continents, conclusion qui se trouve confirmée par le fait re-

marqué, depuis Dampier, par tous les naviga-
teurs, que plus une terre s'élève rapidement,
plus les montagnes sont élevées près des côtes,
et plus, en général, les profondeurs croissent
vite dans les eaux, lorsqu'on s'éloigne de ses
rivages. Les chiffres de sondes marqués sur
les cartes marines de la Méditerranée, sur
celles de nos côtes de l'Océan, de la Manche,
de la mer du Nord, et reproduites avec soin
sur la carte géologique de la France, sont un
éloquent commentaire de cette vérité. La
grande profondeur des eaux et la rareté
comparative des îles dans les parties de
l'océan Pacifique et de l'océan Indien qui
bordent la grande traînée volcanique des
Andes et du Japon, comparées à la petite
profondeur des portions de mer qui séparent
du continent de l'Asie cette longue digue
tronçonnée, en fournissent une illustration
beaucoup plus vaste encore.

L'un des principaux traits de la configuration générale des continents, signalé depuis
longtemps par Buffon, a beaucoup de rapports avec la disposition générale des pointes
qui s'avancent dans l'océan Atlantique, et
peut s'expliquer de même par la submersion
des terrains plats et peu élevés. Buffon a remarqué que les continents de l'Afrique et de
l'Amérique, auxquels on peut joindre l'Aus-

tralie, se terminent en pointe vers le sud, et qu'un grand nombre de presqu'îles sont dirigées à peu près dans le même sens. Ces pointes, tournées au sud, sont souvent formées de roches anciennes disloquées, baignées directement par les flots de l'Océan. Les plaines tertiaires peu élevées du Chili et de la Patagonie se rétrécissent et disparaissent vers le midi, et la pointe du continent américain est formée par les roches anciennes de la Terre de feu, recouvertes çà et là, comme celles de la Vendée, par quelques lambeaux crétacés.

Les îles Malouines sont formées de schistes anciens.

A la pointe méridionale de l'Afrique, on trouve la montagne de la Table, formée d'une grande épaisseur de vieux ou de nouveau grès rouge reposant sur des schistes coupés par des filons granitiques.

Le promontoire très élevé du cap Comorin est formé par des granites qui ont un grand caractère d'ancienneté.

Les pointes de la terre de Van-Diemen présentent des couches dévoniennes redressées.

L'île de Madagascar et la Nouvelle-Zélande sont montueuses jusqu'à leurs pointes méridionales.

L'expédition de M. Dumont-d'Urville a

rapporté de la terre Adélie des gneiss granitoïdes.

Les dernières terres que sir James Ross a vues pointer au milieu des glaces antarctiques, à 76° 8′ de latitude, sont les deux cônes volcaniques auxquels il a donné les noms de ses vaisseaux *l'Erèbe* et *la Terreur*.

Toutes les autres terres antarctiques se prêtent également à la supposition que, dans ces régions australes, les terrains plats et peu élevés ont été submergés, tandis que les vastes plaines de la Sibérie et les grandes plaines de l'Amérique septentrionale, qui se perdent insensiblement sous les eaux de la mer Glaciale, sembleraient annoncer un mouvement contraire près du pôle boréal.

Toutes ces circonstances me paraissent appartenir à la même série de faits que la convexité générale des continents, qui influe sur le cours des rivières plus encore que ne le fait la disposition des chaînes de montagnes, à travers lesquelles on voit souvent les rivières trouver un passage inattendu, dans une coupure accidentelle, comme le Rhin au Binger-Loch.

Ces phénomènes, larges et peu prononcés, moins nets, moins faciles à saisir et à étudier qu'une discordance de stratification ou la structure d'une chaîne de montagnes, me

108*

paraissent cependant, en eux-mêmes, très
dignes d'attention, comme offrant la preuve
de la *mobilité générale de l'écorce terrestre ;*
comme étant un indice presque certain de
son peu d'épaisseur et de sa flexibilité, circonstances sur lesquelles M. Cordier a insisté avec raison dans son savant mémoire
sur la température de l'intérieur de la
terre (1) ; enfin comme propres à faire sentir que les dislocations de l'écorce terrestre
n'ont pas été l'effet de causes purement
locales.

Toutes les dispositions coordonnées entre
elles que je viens de passer en revue semblent être principalement le résultat d'un
bossellement général de l'écorce terrestre,
qui lui-même se lierait très simplement à la
disposition des systèmes de montagnes que
j'ai signalés comme les plus modernes.

Les grands cercles de comparaison théoriques des systèmes des *Andes,* du *Ténare* et
de l'*axe volcanique de la Méditerranée,*
constituent, comme je l'ai indiqué p. 1110,
un système tri-rectangulaire. Deux des huit
triangles tri-rectangles dans lesquels ces trois
cercles divisent la surface du globe forment

(1) Cordier, *Essai sur la température de la terre* (*Annales
du Muséum d'histoire naturelle;* et *Annales des mines,*
2ᵉ série, t. II, p. 53 (1827).

un fuseau rectangulaire dont les deux sommets se trouvent dans l'Amérique méridionale et dans les mers de la Chine. Le grand cercle de comparaison du *Système de la chaîne principale des Alpes*, placé, p. 1110, à 4° 29ʹ 57ʺ au N. de l'*axe volcanique de la Méditerranée*, passe par les deux pointes de ce fuseau, qu'il réduit à une largeur de 85° 30ʹ 12ʺ,54.

Ce fuseau ainsi réduit, divisé, par le *Système du Ténare*, en deux triangles bi-rectangles, embrasse encore l'océan Atlantique septentrional et la plus grande partie des continents de l'Amérique septentrionale et de l'Asie. A ses deux côtés se rattachent les deux principales lignes montagneuses de l'ancien et du nouveau monde, dont Buffon avait déjà remarqué, p. 752, qu'elles se dirigent à peu près, l'une de l'E. à l'O., l'autre du N. au S. De sa pointe occidentale se détache, p. 764, la chaîne des Andes du Chili, couronnée de cônes volcaniques, qui forme l'axe de la pointe méridionale du continent américain. La pointe méridionale de l'Afrique suit le grand cercle de comparaison du *Système du Ténare*, qui coupe le fuseau en deux parties égales, et qui sort de l'Afrique par sa pointe S.-E., le cap Cave-Rock, pour aller passer à peu près par le foyer volcanique du mont

Érèbe. Enfin, la grande traînée volcanique des Andes et du Japon vient se recourber autour de la pointe orientale du fuseau sous la forme bizarre d'une espèce d'hameçon, autour duquel sont groupées confusément les terres de l'Australie, terminées au sud par les pointes de la Nouvelle-Zélande et de la terre de Van-Diemen.

Le grand cercle *primitif* du *réseau pentagonal* qui représente avec une si étonnante précision la côte rectiligne du Chili et certains accidents orographiques de l'intérieur de la Chine, et qui dessine aussi presque exactement la côte occidentale de la Nouvelle-Hollande, passe par les deux pointes du fuseau, en formant avec l'axe du *Système des Andes* un angle de 45 degrés.

Articulé, pour ainsi dire, avec l'axe de la cordilière du Chili, et largement jalonné par une série nombreuse de volcans, le grand cercle de comparaison du *Système des Andes* côtoie l'antique empire de la Chine et l'empire éteint des Incas, traverse l'empire des Aztèques et l'empire du Japon, passe entre les plateaux élevés de Quito et de Bogota, laisse à peu de distance l'isthme de Panama et les ruines mystérieuses de Palanqué, les solitudes aurifères du Choco et de la Californie.

Le côté opposé du large fuseau que nous venons de considérer n'est pas moins remarquable : il présente l'anomalie singulière de deux grands cercles de comparaison appartenant à deux systèmes de montagnes très voisins par leur âge et très voisins en même temps par leurs directions qui forment un angle de 4° 29' 57" seulement, p. 1110. Ces deux systèmes presque superposés, le *Système des Alpes principales* et l'*axe volcanique de la Méditerranée*, constituent l'accident le plus saillant et le plus imposant de l'écorce terrestre, puisqu'il comprend l'Hymalaya.

La science moderne n'a pas été la première à s'en préoccuper. La Chine, l'Inde, la Perse y ont rattaché leurs mythes cosmogoniques. Les quatre fleuves du Paradis terrestre y prenaient leurs sources. Les Arméniens croient pouvoir montrer encore sur le mont Ararat le lieu où s'arrêta l'arche de Noé. Les poëtes grecs et latins ont célébré à l'envi le Caucase et l'Atlas. Ils ont placé près des colonnes d'Hercule le jardin des Hespérides et les îles Fortunées. Agitée de la Perse à Lisbonne par des tremblements de terre redoutables, cette zone, encore chancelante et imparfaitement consolidée, qui forme cependant l'axe de l'ancien continent, se termine dans l'océan Atlantique, vers les parages où exista jadis , si ce n'est pas une fable, l'Atlantide de Platon.

Mais le fuseau dont les deux bords sont marqués par ces accidents mystérieux et gigantesques a une largeur beaucoup plus grande que celle d'aucun système de montagnes, puisque, suivant la manière dont on l'envisage , elle est de 85° 30' 12″,54, ou de 90°. En effet, les chaînons du *Système des Andes* ne se sont pas disséminés jusqu'au Brésil et à la Nouvelle-Angleterre , et ceux du *Système des Alpes principales* ne se sont pas répandus jusqu'aux rivages de la Bretagne et de d'Irlande. Toutes ces côtes, comparativement monotones, où les phénomènes stratigraphiques modernes se sont réduits à de légères dénivellations, se distinguent en masse, sous ce rapport, des côtes de la Méditerranée , où les couches tertiaires les plus modernes prennent part à des ondulations prononcées , en même temps qu'elles se trouvent çà et là disloquées et redressées.

De là résulte ce trait remarquable de l'orographie de la France et de l'Europe déjà rappelé plus haut, et développé en détail dans l'*Explication de la carte géologique de la France,* que tous les accidents du sol ont des reliefs plus prononcés sur les bords de la Méditerranée que sur les bords de la Manche et de la mer Baltique.

Le continent américain présente, comme nous l'avons également remarqué, la contrepartie de la même disposition.

La dépression intermédiaire couverte par les eaux de l'océan Atlantique appartient principalement au bossellement général actuel de la surface du globe. On voit, par l'examen rapide que nous venons d'en faire, que ce bossellement se lie très intimement au *réseau pentagonal*. Les rapports larges et généraux que je viens d'esquisser pourraient difficilement servir à préciser davantage notre installation provisoire du réseau, mais ils peuvent aider à apercevoir que cette installation est en harmonie avec l'état général des choses sur la surface du globe. En voyant cette surface divisée, en dernière analyse, en deux larges fuseaux, l'un de 90 et l'autre de 270 degrés environ, on peut déjà entrevoir le genre de relations qui existe entre l'océan Atlantique et le grand Océan, et, en continuant à examiner attentivement ces relations générales, on pourra peut-être deviner quel est le cercle du réseau qui doit former l'axe du fuseau de l'écorce terrestre destiné à être écrasé le premier dans les révolutions futures.

La liaison mutuelle de tous les faits précédents, qui s'appliquent aux grands continents et aux bassins des mers les plus vastes et les plus profondes, fait comprendre que les phénomènes d'émersion et d'immersion des couches sédimentaires modernes, auxquelles tient essentiellement la configuration actuelle des continents et des mers, sont plus généraux encore que ne le sont, à proprement parler, les rides qui sont nées successivement avec les différents systèmes de montagnes.

Deux phénomènes différents doivent en effet se superposer et se confondre dans ces inflexions de l'écorce terrestre, comme le font les petites ondulations qui s'étendent sur la surface d'un liquide; d'une part, les bossellements généraux dus à l'excès d'ampleur de l'écorce, qui sont la cause des rides nouvelles que cette écorce contracte de temps en temps; et de l'autre, les courbures plus ou moins prononcées de ces rides elles-mêmes, dont la formation accompagne celle des chaînes de montagnes.

Les bossellements généraux, soit en creux, soit en saillie, sont temporaires de leur nature; de nos jours même, la Suède, le Groën-

land et les îles madréporiques du grand
Océan (1) nous rendent témoins de leurs
progrès. A des époques successives, ils ont
changé les continents en mer et les mers en
continents ; mais les rides de l'écorce terrestre, une fois produites, sont restées des
déformations persistantes de sa régularité
originaire, qui toutefois ont pu être défor-
mées à leur tour par des rides subséquentes.

L'observateur, privé des caractères précis
tirés du redressement des couches et des
superpositions discordantes qui en sont la
conséquence, peut rarement séparer les
effets des bossellements généraux de l'é-
corce de ceux des ridements plus circon-
scrits qui appartiennent à des systèmes déterminés. Toutefois la comparaison de l'océan
Atlantique, par exemple, avec les divers
compartiments de la Méditerranée et de la
mer des Antilles, peut aider à concevoir la
différence de ces deux classes d'irrégularités.

Les unes et les autres se lient à la disposition des chaînes de montagnes ; mais les
bossellements s'y rattachent seulement par
les rapports généraux que nous venons
d'examiner rapidement ; tandis que les rides
moins étendues et plus prononcées dans
leurs caractères se coordonnent plus direc-

(1) Voyez Darwin, *On coral islands.*

tement avec elles. Lorsqu'on sort des espaces
soumis simplement à l'influence du bossellement général pour entrer dans la sphère
d'activité des phénomènes dus à la compression transversale d'un fuseau de l'écorce
terrestre, on voit les parties de cette écorce
qui sont bombées ou déprimées sans brisures bien sensibles, comme je l'ai indiqué
page 1258, présenter souvent des lignes de
niveau à peu près droites. On peut en juger
par les côtes des mers et des lacs qui offrent
fréquemment de longues parties très peu
sinueuses dans leur ensemble. Cette circonstance contribue à donner aux continents
un contour à peu près polygonal, dont les
côtés, ainsi que l'a déjà montré M. Pissis
dans le mémoire cité plus haut, page 786,
sont généralement parallèles à un nombre
limité de grands cercles de la sphère terrestre. Les directions de ces lignes à peu
près droites sont assez habituellement parallèles à celles des chaînons de montagnes
dont elles avoisinent le pied. Les surfaces
dont elles font partie portent ainsi, comme
ces chaînons eux-mêmes, le cachet du système auquel elles appartiennent.

Mais la liaison qui existe entre les chaînes
de montagnes et les dépressions ou les saillies des parties simplement ondulées de

l'écorce terrestre se manifeste plus nettement encore par un fait très général qui a
souvent été remarqué, et dont cependant on
n'a peut-être pas déduit toutes les conséquences d'une manière assez rigoureuse.

Les parties largement convexes de l'écorce
terrestre, qui forment ce qu'on appelle les
terrains plats, sont généralement continues.
On n'y trouve de sauts brusques que par
l'effet des dénudations superficielles, et les
faibles variations que présente leur courbure s'opèrent par degrés insensibles ; mais,
si l'on considère les deux zones de terrain plat
qui sont séparées par une chaîne de montagnes, on trouve généralement qu'elles ne
sont pas à la même hauteur, et que la surface du terrain plat qui se trouve au pied
de l'un des versants n'est pas dans le prolongement régulièrement curviligne de celle
du terrain plat qui se trouve au pied de
l'autre versant.

Ainsi la surface des plaines de la Bavière,
prolongée par la pensée à travers les Alpes
du Tyrol , passerait beaucoup au-dessus de
la surface des plaines de la Lombardie; là
surface des plaines de la Cappadoce, prolongée à travers le Taurus, passerait bien au-
dessus du fond de la Méditerranée, sur les
côtes de la Caramanie ; la surface des

plateaux voisins du Kouen-Lun , prolongée à travers l'Hymalaya , passerait à une hauteur considérable au-dessus des plaines du Bengale, etc. C'est probablement par l'effet de circonstances du même ordre que les déserts sablonneux de l'Afrique, de l'Arabie, de la Perse , du Gobi, etc., quoique très analogues entre eux, se trouvent à des niveaux si différents. En considérant dans son ensemble cette immense série de grandes plaines couvertes de sable , on serait tenté d'y voir les fragments désunis du fond d'une vaste mer qui peut-être était parcourue par le *gulf-stream* d'une période géologique antérieure à la nôtre.

On pourrait multiplier considérablement les citations de dénivellations de ce genre, observées sur une échelle plus ou moins grande , et il y a réellement très peu de chaînes de montagnes dans lesquelles on ne remarque quelque chose de semblable. On conçoit, d'après cela , que si l'on veut chercher le rayon de courbure des terrains plats, on doit éviter de prendre à la fois en considération ceux qui sont situés des deux côtés d'une crête montagneuse. C'est là ce qui, plus haut, m'a fait renoncer à calculer les rayons de courbure relatifs à l'Asie Mineure, à l'Espagne et au Mexique.

La *Plaine du Rhin*, de Bâle à Mayence, située entre les plaines de la Souabe et celles de
la Lorraine, dont elle est séparée par les chaînes de la forêt Noire et des Vosges, se trouve
à un niveau plus bas que l'une et que l'autre,
et bien au-dessous de la surface légèrement
bombée qui raccorderait entre elles les
surfaces de ces deux plaines inclinées en
sens opposés. Comme je l'ai indiqué ailleurs (1), elle semble représenter un compartiment allongé de l'écorce terrestre,
abaissé en masse et sans rupture entre les
failles du *Système du Rhin*, qui déterminent
les traits les plus caractéristiques des deux
chaînes latérales. Cette plaine serait aujourd'hui un lac, si le défilé du Binger-Loch
était fermé. Pendant l'époque jurassique et
pendant l'époque miocène, elle paraît avoir
été successivement un golfe, un bras de mer
ou un lac d'eau douce.

La largeur moyenne de ce lac ou bras de
mer différait peu de l'épaisseur de l'écorce
terrestre. Le compartiment allongé de cette
écorce, qui forme le sol de la plaine du
Rhin, est donc à peu près aussi épais que
large. En cela, il ressemble aux pièces de
bois qui forment le pont d'un vaisseau.

(1) *Explication de la carte géologique de la France*, t. ,
p. 436.

Lorsque ces pièces de bois ont travaillé par l'action de l'eau et du soleil ; lorsqu'elles ont perdu leur égalité de niveau , et qu'en bouchant leurs joints avec de l'étoupe et du mastic, on en a formé des bourrelets un peu trop épais, on a quelquefois produit, sans y penser , une image proportionnellement à peu près exacte de la plaine du Rhin. Semblable à ces bourrelets de mastic, une chaîne de montagnes située entre deux terrains plats d'élévations inégales semble placée tout exprès pour masquer un *défaut de l'écorce terrestre* ; et , puisque le hasard a fait tomber cette comparaison sous ma plume, je dirai encore que, si les planches en se voilant représentent les rides de l'écorce terrestre, les baux ou poutres, qui soutiennent le pont du navire, représentent par leur flexion les bossellements généraux dont nous nous sommes occupé.

Ainsi que je l'ai déjà annoncé p. 1258, les ondulations du sol dont l'existence se rattache à celles des chaînons de montagnes se distinguent quelquefois de la partie du sol restée dans son état naturel par un *surcroît de convexité*, et quelquefois aussi par une *diminution de convexité*, telles à peu près que celles qu'on voit se produire dans les pièces du pont d'un vaisseau ; et cette diminution de convexité va, dans certains cas, jusqu'à rendre leur section transversale concave vers le ciel. Je citerai ici, comme exemple, le lac Baïkal en Sibérie.

Ce lac a une longueur d'environ 611 kilomètres ou de 5° 30', et l'application du mode de calcul employé pour construire le tableau de la page 1260 montre que, malgré son énorme profondeur, qui est de 1039 mètres (1), son fond, au milieu de sa longueur, est situé beaucoup au-dessus d'un plan perpendiculaire à la verticale de son centre, qui passerait par ses deux extrémités. Il est donc convexe dans le sens longitudinal, mais il est concave dans le sens transversal. Dans la démolition d'un vieux *vaisseau* ridé par le soleil des tropiques, on rencontrerait souvent des combinaisons de courbures de ce genre, et parmi les bordages qui ont *travaillé*, on en trouverait peut-être dont la forme représenterait assez exactement le fond du lac Baïkal.

La dépression allongée dans laquelle coule le Jourdain, et dont la mer Morte occupe le fond, donnerait un résultat analogue.

La Méditerranée, qui est, comme je l'ai déjà dit, une mer remarquablement pro-

_____

(1) 3,200 pieds, d'après M. Hedenstrom (Humboldt, *Asie centrale*, t. I, p. 371).

fonde et anfractueuse, présente aussi beaucoup de parties dans lesquelles les deux
rayons de courbure de la *surface générale*
du fond sont dirigés en sens inverse, l'un
vers le nadir et l'autre vers le zénith, de manière que ces parties sont convexes dans un
sens et concaves dans le sens perpendiculaire au premier. Mais ce dernier cas est
moins fréquent que ne tendraient à le faire
croire les apparences trompeuses que j'ai
déjà signalées, et, lorsqu'il se présente, il
doit être attribué beaucoup plus souvent à
ce qu'une compression transversale a fait
naître des ondulations alternativement saillantes et rentrantes qu'à l'*écroulement* d'une
partie de l'écorce terrestre.

Les bassins des grandes mers, ceux d'une
foule de mers intérieures, telles que la mer
Caspienne, la mer Baltique, la mer du Nord,
la Manche, et ceux même de beaucoup de
lacs, comme le lac Supérieur, le lac La-
doga, etc., n'étant, d'après les chiffres du
tableau p. 1260, que de simples *méplats*
de la surface du globe; la formation des *rides*
rentrantes de l'écorce terrestre, dont je viens
de citer des exemples, pouvant d'ailleurs
être qualifiée d'affaissement, mais ne pouvant être attribuée à un écroulement désor-
donné, on voit que les parties de l'écorce

terrestre, dont la configuration pourrait être attribuée à l'écroulement du plafond de quelque cavité intérieure, sont peu nombreuses et très peu étendues, ce qui s'accorde avec la remarque faite précédemment, p. 1237, sur la difficulté qu'il y aurait à admettre que l'écorce terrestre se fût soutenue sans appui, même momentanément, au-dessus d'un vide considérable.

Pour donner quelque consistance à l'hypothèse de l'écroulement des cavités intérieures, on a cité la grandeur étonnante de quelques cavernes, telles que celles de la Carniole, du Derbyshire etc. Ces grottes sont certainement très vastes, et de pareilles voûtes ont pu s'écrouler autrefois; mais on ne doit pas oublier qu'elles sont contenues *dans l'intérieur des montagnes*, qu'elles n'en occupent même qu'une minime partie, et que ces montagnes, lorsqu'on les considère chacune isolément, ayant une base très étroite comparativement aux grands accidents de la surface du globe, les cavernes qu'elles renferment sont pour ainsi dire des *infiniment petits du second ordre*. En lisant les réflexions que ces cavernes ont inspirées aux curieux qui les ont visitées à la lueur des torches, il faut se rappeler que des récits non moins merveil-

leux ont été publiés sur les carrières
de la montagne de Saint-Pierre, près de
Maestricht, et sur les carrières ou cata-
combes de différents pays, carrières dont
l'écroulement ne produirait que des *fontis*
tout à fait insignifiants au point de vue
géologique.

J'ai comparé moi-même aux *fontis* des
carrières éboulées les bassins en forme d'en-
tonnoirs de plusieurs petits lacs des Vosges
et de l'Eifel (1). Je ne doute pas qu'il
n'existe, en diverses contrées, un grand
nombre de *trémies* semblables, dont le con-
tenu aura coulé par fragments entassés
pêle-mêle dans des cavités de l'écorce terrestre d'une grandeur proportionnée ; mais
que sont de pareilles trémies par rapport
aux dépressions que remplissent les eaux de
l'Océan ?

D'autres lacs plus étendus ont aussi été
cités comme devant peut-être leur origine
à un écroulement : tels sont notamment les
lacs qui embellissent les paysages des Alpes,
le lac de Genève, le lac de Côme, le lac Ma-
jeur, etc. La grande profondeur de ces lacs
semblerait favorable à l'opinion déjà fort
ancienne que je viens de rappeler ; mais on

(1) *Explication de la carte géologique de la France*, t. I,
p. 274 et 432.

la motiverait difficilement sur la structure stratigraphique de leurs flancs (1). Cette structure conduirait plutôt à voir , dans les profondes cavités que remplissent les eaux des grands lacs de la Suisse et de la Lombardie, un développement particulier du phénomène du creusement des vallées.

Au surplus, la discussion de cette question serait ici hors de saison. Le volume des eaux de l'un quelconque des lacs dont je viens de parler , quoique beaucoup plus grand que les volumes réunis de toutes les cavernes citées plus haut , est cependant encore presque insignifiant, par rapport au volume des montagnes dont les bases forment ses rivages, et par conséquent la production de son bassin ne peut être la contre-partie de celle des montagnes elles-mêmes. Elle n'est probablement qu'un simple détail de leur façonnement définitif.

Les résultats auxquels cette discussion m'a conduit par l'emploi de chiffres certains étonneront peut-être quelques personnes habituées à tout rapporter à certaines coupes élémentaires, dessinées dans le but de présenter aux commençants un pre-

(1) Voyez *Mémoire sur les terrains tertiaires du nord-ouest de l'Italie*, par M. Il. de Collegno (Mémoires présentés par divers savants à l'Académie des sciences de l'Institut national de France, t. X. p. 589).

mier aperçu des phénomènes géologiques. Ces coupes, souvent formées d'éléments exacts, pourraient cependant donner une idée complétement fausse de l'ensemble des phénomènes, d'une part parce qu'on y fait abstraction de la courbure de la terre, et de l'autre parce que l'échelle des hauteurs y est exagérée dans une proportion considérable par rapport à celle des distances horizontales : deux circonstances qui conspirent pour transformer en bassins les dépressions à fond convexe que remplissent les eaux des mers.

La largeur d'une chaîne de montagnes est si peu considérable par rapport au rayon de la terre, qu'en en dressant une coupe on peut généralement faire abstraction de la courbure de la surface terrestre. Mais si l'on étend la même tolérance à des coupes plus prolongées, par exemple à la coupe du bassin d'une mer, on peut être induit dans de graves erreurs. En supprimant la courbure de la surface, on fait abstraction des considérations qui viennent de nous occuper, et l'on s'expose à introduire les erreurs qui leur sont contraires. Ainsi, par exemple, l'affaissement auquel on peut attribuer dans beaucoup de cas l'existence du bassin d'une mer n'a été le plus souvent qu'une diminution de convexité. Cette *diminution de convexité* a été accompagnée d'une *diminution d'étendue*, qui généralement a rapproché et resserré les éléments de la surface, au lieu de les disjoindre. Mais si l'on représente le phénomène sur une coupe où l'on fait abstraction de la courbure de la terre, la section, de plane qu'elle était d'abord, devient courbe après l'affaissement, par conséquent elle augmente d'étendue ; et si à la suppression de la courbure initiale on ajoute une exagération de l'échelle des hauteurs dans le rapport seulement de 1 à 10 (taux qu'on dépasse presque toujours de beaucoup), on peut finir par se persuader, d'après l'aspect même d'une figure qui représente des faits exacts en eux-mêmes, que l'affaissement du fond d'une mer a dû disloquer et bouleverser les couches. On se prend ainsi à oublier tout simplement que *la ligne droite est le plus court chemin d'un point à un autre*, et que de deux arcs sous-tendus par une même corde, le plus court est celui dont la convexité est la moins grande (1).

Comme exemple d'une figure qui induirait en erreur si l'on en prenait le tracé pour

(1) Voyez sur ce sujet l'*Explication de la carte géologique de la France*, t. II, p. 614.

une représentation exacte des objets, je citerai ici de préférence la coupe idéale que j'ai jointe *moi-même* à mes premières recherches sur quelques unes des révolutions de la surface du globe (1). Cette coupe exprime, je crois, assez fidèlement *ce qu'elle est destinée à exprimer.* Dans ce moment même, je n'emploierais pas pour remplir le même objet un autre mode de dessin ; mais il ne faut voir dans cette coupe que les rapports de gisement qu'elle a pour but d'indiquer. Les hauteurs y sont exagérées dans une proportion considérable : beaucoup d'autres proportions y sont altérées, et il est certain que si l'on faisait subir à un portrait une déformation pareille, on aurait peine à reconnaître un être humain dans l'horrible caricature qu'on aurait fabriquée.

Les vues pittoresques sont naturellement affectées du même défaut. Dessinées sous l'influence de l'*illusion d'optique* bien connue qui exagère à nos yeux les hauteurs verticales par rapport aux distances horizontales, elles ne sont réellement que des *caricatures* des objets qu'elles représentent. J'ai signalé ailleurs ce fait, et j'ai indiqué en même temps les moyens de précision que j'ai dû employer pour obtenir des vues de

(1) *Annales des sciences naturelles*, t. XIX (1829), pl. 3,

l'Etna qui en fussent des *portraits* exacts.
Mais j'ai annoncé en même temps que le
voyageur qui les regardera en présence de
la montagne les croira d'abord infidèles à
cause de leur peu de saillie, ce qui tient à
ce que, pour paraître ressemblante, une
figure de montagne doit reproduire l'illusion
d'optique que j'ai rappelée plus haut.

Le langage pittoresque est nécessairement empreint lui-même de cette illusion
d'optique, et c'est sous son influence que
Pindare appelait l'Etna la *colonne du ciel*.
Cette image poétique ne révolte en aucune
façon le voyageur qui voit l'Etna de sa
base ; mais elle contraste singulièrement
avec l'aspect du modèle en relief de cette
montagne, que j'ai dressé en maintenant
rigoureusement la proportion des hauteurs
aux distances, et qui ressemble à une galette
manquée infiniment plus qu'à une colonne.

Je pourrais signaler dans mon mémoire
même sur l'Etna, et dans plusieurs autres
de mes écrits géologiques, composés principalement de la réunion de notes écrites en
vue des montagnes, des traces nombreuses
de cette impression qui est réelle, quoique
trompeuse ; et l'habitude d'écrire constamment sous l'influence des souvenirs laissés
dans mon esprit par l'aspect des montagnes

et par celui des vastes panoramas qui se déroulent de leurs cimes a presque nécessairement fait prévaloir les mêmes habitudes de langage jusque dans la description de traits généraux des grandes configurations géographiques ou géologiques qu'on ne peut saisir que par la pensée.

Nous avons sacrifié la rigueur absolue du langage à cette illusion commune, lorsque, dans l'introduction à la *Carte géologique de la France*(1), nous avons comparé les assises successives du bassin parisien à une série de vases semblables entre eux , qu'on fait entrer l'un dans l'autre pour occuper moins d'espace, tandis qu'elles seraient plutôt comparables à une série de boucliers convexes, placés les uns sur les autres. Mais je puis ajouter que nous n'avons rien déduit de cette *manière de parler*, et que rien n'est venu nous gêner pour rendre plus loin au bassin parisien la convexité qui lui appartient réellement (2).

Ces défauts de style, qui sont un simple reflet des difficultés de l'observation, ne pourraient induire en erreur que les personnes qui n'auraient pas encore l'habi-

---

(1) *Explication de la carte géologique de la France*, t. I, p. 23.

(2) *Ibid.*, t. II, p. 614.

tude d'analyser les faits géologiques, et de les réduire à leur juste valeur en tenant compte des dimensions du globe dont les forces intérieures les ont fait naître et dont ils représentent les révolutions successives.

Mais cette exagération de langage habituelle ét convenue explique naturellement la surprise involontaire qu'éprouvent les géologues eux mêmes lorsqu'ils sont ramenés à considérer la petitesse relative des aspérités de la surface du globe; à reconnaître que Dolomieu était encore bien au-dessus de la vérité, lorsqu'il les comparait aux légères aspérités de la peau d'une orange, ou même à celles de la coquille d'un œuf; à constater enfin que, malgré son aplatissement polaire, l'écorce terrestre, dans sa mobilité perpétuelle, dans ses bossellements, dans ses ridements, dans ses brisures, dans le jeu respectif de ses parties désunies, ne s'éloigne jamais assez de la forme sphérique pour qu'une *sphère exacte* ne puisse être inscrite dans sa mince épaisseur.

Si l'on polissait en grande partie une coquille d'œuf, de manière à ne laisser subsister ses aspérités naturelles que dans quelques zones étroites, on la réduirait à ressembler à peu près, quoique d'une manière **exagérée** encore, à l'écorce terrestre;

mais il serait très difficile de la fêler assez
adroitement pour représenter proportionnellement ces larges dénivellations, qui rom-
pent la convexité générale de l'écorce d'un
côté à l'autre d'une chaîne de montagnes.

Il est presque impossible d'exprimer
exactement, même sur un globe ou sur une
figure qui en représente une section complète, ces traits généraux, dans lesquels se
décèle cependant avec tant d'évidence le
mécanisme général des grands phénomènes
géologiques. Sauf des cas particuliers d'une
étendue très restreinte, comme des lacs ou
des bras de mer, il est *impossible* de figurer
proportionnellement, d'une manière saisis-
sable pour l'œil, les différences de convexité,
qui font que telle partie de l'écorce terrestre
est une mer, et telle autre un continent ;
les détails dans lesquels je suis entré
page 1262 et suivantes le montrent péremptoirement. Des cartes topographiques
et géologiques bien faites sont généralement
plus propres que les coupes habituellement
en usage à donner sous ce rapport une idée
exacte de la configuration extérieure du
globe. Une carte, sur laquelle on ne peut
figurer que ce qui se voit au jour, offre une
expression plus certaine de la *réalité des
choses* que ne peut le faire une coupe, même

lorsqu'on y observe la proportion des hauteurs aux distances ; et lorsqu'on y tient
compte de la courbure de la terre. Elle en
offre en même temps une expression incom-
parablement plus complète ; car une carte
topographique coloriée géologiquement, et
accompagnée d'une légende des couleurs
rangées dans l'ordre chronologique des terrains , contient implicitement les éléments
de toutes les coupes, en nombre infini, qu'on
peut faire suivant tous les plans verticaux
qui traversent la contrée qu'elle représente,
tandis qu'une coupe ne correspond qu'à un
seul plan vertical.

Une coupe n'est réellement qu'un éclaircissement destiné à permettre de lire plus
aisément ce que la carte représente. C'est
par l'étude attentive de la carte, aidée de
ces éclaircissements toujours utiles et même
précieux , qu'on peut saisir cette coordination générale des accidents topographiques et
géologiques, par laquelle se décèle l'unité de
structure d'un chaînon de montagnes ; cette
dénivellation générale entre les deux flancs,
qui montre que *les chaînes de montagnes ont
dans l'épaisseur du sol des racines profondes*, et que la disposition des terrains
plats, c'est-à-dire des compartiments dis-
joints et ondulés, mais non bouleversés, de

l'écorce terrestre, est naturellement en rapport avec elles. On y voit comment les terrains plats eux-mêmes peuvent offrir avec les éléments des chaînes des caractères stratigraphiques coordonnés, des directions parallèles, et comment les chaînes de montagnes, avec les parties des surfaces largement ondulées, soit saillantes, soit déprimées, qui suivent leur direction, peuvent constituer un tout ou un système dont tous les traits caractéristiques ont une origine connexe.

Toutes ensemble constituent un de *ces systèmes de rides* qu'on appelle habituellement *Systèmes de montagnes*. Le sens de l'expression *Système de rides* est évidemment plus complet, parce qu'elle comprend les larges ondulations, soit saillantes, soit déprimées, aussi bien que les montagnes; mais l'expression *Système de montagnes* est assez ordinairement préférée, parce qu'elle s'attache aux parties les mieux caractérisées du système.

Les hauteurs des chaînes de montagnes, quoique très petites par rapport au rayon terrestre, et même par rapport à leur propre longueur, sont généralement beaucoup plus grandes par rapport à leur largeur que ne l'est la saillie ou la dépression des autres

ondulations par rapport à la distance de
leurs bords. Les montagnes se distinguent
par un relèvement rapide de la surface, qui
les rend *visibles* de toutes parts au-dessus
de l'horizon des contrées qui les entourent,
et cette forme proéminente décèle un mode
de formation particulier.

Les chaînes de montagnes correspondent
essentiellement aux parties de l'écorce terrestre dont l'étendue horizontale a diminué
par l'effet d'un *écrasement transversal*. Le
fait orographique si général de la différence
de hauteurs qui existe entre les terrains
plats, situés de part et d'autre d'une même
chaîne de montagnes, s'accorde d'une manière remarquable avec l'hypothèse de
l'écrasement transversal. Cette hypothèse
suppose en effet que l'écorce terrestre a été
écrasée dans toute son épaisseur, et que les
portions restées intactes, de part et d'autre,
ont cessé d'être liées entre elles d'une manière invariable; elles ont formé comme les
deux *mâchoires d'un étau* dans lequel la
partie intermédiaire a été comprimée, et
cet effort même a tendu à les faire chevau-
cher quelque peu l'une par rapport à l'autre : de là l'élévation inégale à laquelle elles
sont restées après l'accomplissement du phénomène.

L'écrasement transversal a atteint toutes les parties de l'écorce terrestre situées au-dessous de la crête montueuse, et les masses solides écrasées, ainsi que les masses molles comprimées, ont augmenté d'épaisseur d'une quantité correspondante à la diminution que leur étendue horizontale a subie. Les parties refoulées par l'écrasement n'ont pu se faire jour à la surface inférieure de l'écorce solide du globe, que la pesanteur tenait appliquées sur le liquide intérieur, et elles n'ont trouvé d'autre issue que la surface supérieure à travers laquelle elles ont surgi en brisant et en soulevant les assises superficielles. La plupart des dislocations, des plis et des ondulations que présentent les couches sédimentaires sont des conséquences directes ou indirectes de ces soulèvements (1).

(1) Il me parait exister beaucoup de rapports entre les résultats nécessaires de l'*écrasement transversal* et les phénomènes que de Saussure entendait désigner par le mot *refoulement*, dont il s'est servi dans les derniers aperçus théoriques consignés dans ses *Voyages*

Conjectures nées des observations faites de la cime du Cramont (t. II de l'édition in-4°, 1784). « ...§ 919. L'inclinaison du Cramont et de sa chaîne contre le Mont-Blanc
» n'est donc pas un phénomène qui n'appartienne qu'à cette
» seule montagne; il est commun à toutes les montagnes
» primitives; donc c'est une loi générale que les secondaires
» qui les bordent ont de part et d'autre leurs couches
» ascendantes vers elles. C'est sur le Cramont que je fis,

1319

Je ne puis reproduire ici les détails que

« pour la première fois, cette observation alors nouvelle,
« que j'ai vérifiée ensuite sur un grand nombre d'autres
« montagnes, non pas seulement dans la chaîne des Alpes,
« mais encore dans diverses autres chaînes, comme je le
« ferai voir dans le quatrième volume. Les preuves multi-
« pliées que j'en avais sous les yeux, au moment où je l'eus
« faite, et d'autres analogues que ma mémoire me rappela
« d'abord, me firent soupçonner son universalité, et je la
« liai immédiatement aux observations que je venais de
« faire sur la structure du Mont-Blanc et de la chaîne pri-
« mitive dont il fait partie. Je voyais cette chaîne com-
« posée de feuillets que l'on pouvait considérer comme des
« couches; je voyais ces couches verticales dans le centre
« de la chaîne, et celles secondaires, presque verticales dans
« le point de leur contact avec elles, le devenir moins a de
« plus grandes distances et s'approcher peu à peu de la si-
« tuation horizontale à mesure qu'elles s'éloignaient de leur
« point d'appui. Je voyais ainsi les nuances entre les pri-
« mitives et les secondaires, que j'avais déjà observées dans
« la matière dont elles sont composées, s'étendre aussi à la
« forme et à la situation de leurs couches ; puisque toutes
« les sommités secondaires que j'avais là sous les yeux se
« terminaient en lames pyramidales aiguës et tranchantes,
« tout comme le Mont-Blanc et les montagnes primitives
« de sa chaîne. Je conclus de tous ces rapports que, puisque
« les montagnes secondaires avaient été formées dans le
« sein des eaux, il fallait que les primitives eussent aussi
« la même origine. Retraçant alors dans ma tête la suite
« des grandes révolutions qu'a subies notre globe, je vis (*)

(*) Vidi ego quod fuerat quondam solidissima tellus
  Esse fretum : vidi factas ex æquore terras ;
  Et procul a pelago conchæ jacuere marinæ,
  Et vetus inventa est in montibus anchora summis ;
  Quodque fuit campus vallem decursus aquarum
  Fecit et eluvie mons est deductus in æquor.
                    Ovid, *Metam*, lib. vx,

j'ai souvent donnés ailleurs sur la structure

» la mer couvrant jadis toute la surface du globe, former
» par des dépôts et des cristallisations successives, d'abord
» les montagnes primitives, puis les secondaires; je vis ces
» matieres s'arranger horizontalement par couches concen-
» triques, et ensuite le feu ou d'autres fluides élastiques
» renfermés dans l'intérieur du globe soulever et rompre
» cette écorce, et faire sortir ainsi la partie intérieure et
» primitive de cette même écorce, tandis que ses parties
» extérieures ou secondaires demeuraient appuyées contre
» les couches intérieures. Je vis ensuite les eaux se préci-
» piter dans des gouffres crevés et vidés par l'explosion des
» fluides élastiques, et ces eaux, en courant à ces gouffres,
» entraîner à de grandes distances ces blocs énormes que
» nous trouvons épars dans nos plaines. Je vis enfin, après
» la retraite des eaux, les germes des plantes et des ani-
» maux, fécondés par l'air nouvellement produit, commen-
» cer à se développer, et sur la terre abandonnée par les
» eaux, et dans les eaux mêmes, qui s'arrêtèrent dans les
» cavités de la surface (*).

» Telles sont les pensées que ces observations nouvelles
» m'inspirèrent en 1774. On verra dans le quatrième volume
» comment douze ou treize ans d'observations et de ré-
» flexions continuelles sur ce même sujet auront modifié ce
» premier germe de mes conjectures; je n'en parle ici
» qu'historiquement et pour faire voir quelles sont les pre-
» mières idées que le grand spectacle du Cramont doit na-
» turellement faire éclore dans une tête qui n'a encore
» épousé aucun système. »

*Coup d'œil sur la partie de la chaîne des Alpes que l'on
trouve en passant le mont Cenis* (t. III de l'édition in-4,
1796). ... • § 1302. Que conclure de tous ces faits ? C'est que

(*) Jamque novum ut terræ stupeant lucescere solem,
Altius atque cadant submotis nubibus imbres ;
Incipiant sylvæ cum primum surgere, cumque
Rara per ignotos errent animalia montes.

VIRGIL., *Ecloga VI.*

extérieure et intérieure de ces rides sail-

« ce ne sont pas des causes dont l'action fut uniforme et
» régulière qui ont présidé à composer ces montagnes et à
» leur donner l'arrangement et la forme que nous leur
» voyons. Il faut que ce soient, ou des causes différentes, ou
» une cause unique dont l'action pouvait être modifiée par
» une foule de circonstances locales. Ce désordre rappelle
» naturellement à l'esprit l'idée des feux souterrains ; mais
» comment des feux capables de soulever et de bouleverser
» des masses aussi énormes n'auraient-ils pas laissé, ni sur
» ces mêmes masses, ni dans tous ces lieux, aucun vestige de
» leur action ? Au moins est-il certain que, quoique j'aie
» cherché à en trouver des traces, je n'ai pu découvrir
» dans tout ce trajet aucun minéral, aucune pierre qu'on
» puisse même soupçonner d'avoir subi l'action de ces feux. »

*Observations géologiques faites de la cime du Mont-
Blanc* (t. IV de l'édition in-4, 1796). « § 1996. En conti-
» nuant à monter, je ne la perdis pas de vue (la cime de
» l'aiguille du Midi), et je m'assurai qu'elle est, comme l'ai-
» guille de Blaitières, § 665, entièrement composée de ma-
» gnifiques lames de granit perpendiculaires à l'horizon et
» dirigées du N.-E. au S.-O. Trois de ces feuillets, séparés
» les uns des autres, forment sa cime, et d'autres sembla-
» bles, décroissant graduellement de hauteurs, forment sa
» face méridionale du côté du col du Géant.

» .... J'ai donné les détails de cette cime comme un exem-
» ple; toutes celles que je pouvais voir distinctement me
» montraient à peu près la même forme et la même direc-
» tion. S'il y avait des exceptions, elles étaient locales et de
» peu d'étendue.

» Ce grand phénomène s'explique , comme j'espère le
» faire voir dans la théorie, par le refoulement qui a re-
» dressé ces couches originairement horizontales.

» ... Ces couches étaient originairement horizontales, et
» n'ont été redressées que par une révolution de notre
» globe.....

» § 1999. Il suit de cette théorie, que les rochers du cen-

111

lantes, et sur le rôle que jouent habituelle-

« tre d'une masse toute composée de couches verticales,
« comme le Mont-Blanc, ont dû être originairement enfon-
« cés dans la terre à une très grande profondeur. En effet, si
« l'on suppose que c'est, ou par un refoulement, comme je
« le pense, ou par la rupture de la croûte de l'ancienne
« terre, comme le croit M Deluc, que ces couches, horizon-
« tales dans l'origine, sont devenues verticales ; si l'on sup-
« pose, de plus, que le fond d'une vallée, de celle de Cha-
« mouni, par exemple, soit l'ancienne surface de la croûte,
« il s'ensuivrait de là que la distance horizontale de la vallée
« de Chamouni à un point qui correspond à la cime du Mont
« Blanc serait à peu près la mesure de l'épaisseur de la
« croûte qui a été refoulée ou rompue, et que, par consé-
« quent, la cime du Mont-Blanc, qui est actuellement élevée
« d'environ une lieue au-dessus de la surface actuelle de
« notre globe, était dans l'origine enfouie de près de deux
« lieues au-dessous de cette surface.

« Ce ne serait donc pas dans les profonds souterrains des
« mines de la Pologne ou du Northumberland, mais sur la
« cime des montagnes en couches verticales, qu'il faudrait
« aller étudier la nature de l'intérieur du monde primitif,
« du moins jusqu'où nous pouvons y atteindre

« Cette idée a donné, à mes yeux, un grand intérêt aux
« morceaux que j'ai détachés des rochers les plus élevés du
« Mont-Blanc, et m'a engagé à les décrire avec soin. Je les
« revois toujours avec un nouveau plaisir ; je les étudie, je
« les interroge, et il me semble que, s'ils pouvaient répon-
« dre à mes questions, ils me dévoileraient tous les mystères
« de la formation et des révolutions du globe. »

Ces mystères, dont de Saussure parle avec toute la simpli-
cité d'un homme de génie, sont encore en grande partie des
mystères pour la science actuelle. Les érudits, qui mettent
de l'importance à retrouver *après coup* dans les auteurs
anciens les énoncés des découvertes modernes, devraient y
signaler *à l'avance* l'éclaircissement des mystères dont il
s'agit. On n'a pas encore risqué une telle épreuve, mais on

ment dans leur charpente les roches de

s'est plu quelquefois à mettre les conclusions des modernes
en regard, comme je l'ai fait plus haut, des opinions des
anciens; et je crois pouvoir placer ici, pour les personnes
dont ces sortes de rapprochements piqueraient la curiosité,
le passage suivant du commentaire de Georgius Sabinus,
que j'ai trouvé en recherchant les six vers d'Ovide cités ci-
dessus dans l'édition de Francfort (1589) :

« .... Sicut enim Helice et Buris, ita nuper multæ urbes in
Belgico mersæ sunt ; item quemadmodum ad Trozena urbem
collis in planitie conatus est, sic nostra memoria etiam Pu-
teolis In Italia mons erupit e mari, præcedente terræ motu
ac tempestate ventorum. Nec mirum videri debet quod nar-
rat Pythagoras, inveniri aliquando conchas marinas et an-
choras in montibus : nam ex annalium monimentis constat
anno 1460 in Alpibus inventam esse navem cum anchoris in
cuniculo, per quem metalla effodiuntur Non sunt igitur
fabulosa, sed sunt historica quæ de montibus et insulis e
mari subito enatis, deque aliis mirabilibus hic referuntur.

La ressemblance des sujets me conduit à transcrire
également un passage de Pline, dont je dois la connaissance
à mon savant ami M. le docteur Roulin :

Eadem nascentium causa terrarum est cum idem ille spi-
ritus attollendo potem cœlo non valuit erumpere. Nascuntur
enim nec fluminum tantum invectu, sicut Echenades insulæ
ab Acheloo amne congestæ, majorque pars Ægypti à Nilo ..
Nascuntur et alio modo terræ ac repente in aliquo mari
emergunt : velut paria secum faciente natura, quæque hau-
serit hiatus alto loco reddente. Claræ jampridem insulæ
Delos et Rhodos memoriæ produntur, enatæ postea mino-
res. ultra melon Anaphe : inter Lemnum et Theon Halone :
inter Cyclades, olympiades cxxxv anno quarto, Thera et
Therasia : inter easdem post annos cxxx Hiera. Eademque
ontomate.... ante nos et juxta Italiam inter Æolias insulas,
item juxta Cretam emersit e mari mmd passuum una cum
calidis fontibus (*).

Depuis dix-huit cents ans, on a eu maintes fois recours à

(*) Pline, livre ii. chap. 87, § 1.

diverses natures que la pression latérale a

ce passage de Pline, mais sans mieux le comprendre qu'on ne comprenait la nature elle-même, où le mode de formation des montagnes est écrit en caractères si évidents. On le citait seulement comme donnant les dates des phénomènes dont le golfe de Santorin a été le théâtre pendant l'antiquité. Un philosophe latin, je crois même que c'était Cicéron, a dit quelque part qu'il n'y a pas d'absurdité qui n'ait été avancée par quelque philosophe, et il est peut-être difficile de savoir si l'opinion du soulèvement des montagnes n'était pas comprise à ses yeux au nombre des absurdités. Voltaire, dans le siècle dernier, traitait encore assez cavalièrement les idées géologiques. On trouve dans les anciens auteurs des aperçus plus ou moins distincts de la plupart des grandes vérités qui font la base des sciences modernes ; mais il a fallu que les modernes créassent les méthodes qui ont servi à distinguer le vrai de l'absurde dans la variété infinie des conceptions que l'imagination humaine a successivement enfantées. La *stratigraphie*, qui ne remonte au delà de de Saussure que par de faibles essais, pouvait seule donner à la proposition du *soulèvement des montagnes* assez de consistance pour l'empêcher de retomber dans l'oubli ou d'être rangée de nouveau parmi les fables avec lesquelles elle a été confondue pendant une longue suite de siècles.

La *stratigraphie*, de même en général que toute la *géognosie*, dont elle est une des parties les plus essentielles, appartient entièrement à la science moderne. Buffon, à la vérité, appelait la stratification *une espèce d'organisation de la terre*, et l'on trouve déjà des indications stratigraphiques assez précises dans Sténon (*), qui écrivait en 1669 ; mais lorsqu'on remonte au delà de Sténon, vers l'aurore des connaissances scientifiques, on voit disparaître de plus en plus ces notions positives, fruit d'une observation suivie et réfléchie.

On peut en juger par les *Fragments géologiques tirés de Sténon, de Kazwini, de Strabon et du Boun-Dehesch*, que j'ai publiés dans les *Annales des sciences naturelles*, t. XXIV,

(*) *De solido intra solidum contento.* Ce titre de l'ouvrage de Sténon est presque une définition de la stratigraphie.

fait surgir dans un état plus ou moins com-

p. 337 (1832). Je regrette de n'avoir connu alors que de nom le livre de Lazzaro-Moro intitulé *De crostacei e degli altri marini corpi che si trovano su' monti* (Venezia, 1740) : je l'aurais cité également. J'avais été découragé de m'en occuper, parce que cet auteur, après avoir été traité assez légèrement par Buffon, a été mentionné de la manière suivante par de Saussure, dans le discours préliminaire du premier volume de ses *Voyages dans les Alpes....* « L'ex-
« périence a fait voir que tous ceux qui ont osé se hasarder
« dans cette carrière sans être éclairés par le flambeau de
« l'analyse (chimique) sont tombés dans les bévues les plus
« grossières, et ont fait presque autant de chutes que de pas.
« *Whiston*, *Woodword*, *Lazzaro-Moro* et tant d'autres ont
« fourni des exemples bien frappants de cette vérité. »

Il est juste de reconnaître, malgré cela, que Moro, sous l'impression de l'éruption nouvelle arrivée à Santorin en 1707, a développé avec beaucoup de verve des idées analogues à celles de Strabon, de Pline, d'Ovide et de Georgius Sabinus; mais on est forcé de convenir en même temps qu'il n'a pas toujours mis dans le choix de ses preuves une critique bien sévère. Non content de l'ancre d'Ovide, il s'est emparé aussi du vaisseau de Georgius Sabinus, et, en rectifiant ce commentateur d'après Fulgosus, il a cité avec insistance un vaisseau avec ses ancres et les casques de quarante soldats, trouvé, en 1462, à plus de cent toises de profondeur, dans une mine du canton de Berne !

De Saussure a pris soin d'établir que, *contrairement aux idées de Moro*, il n'existe pas de roches comparables aux produits des éruptions de Santorin, dans les parties des Alpes qu'il a explorées.

L'*ancre d'Ovide*, qui remonte, à ce qu'il paraît, jusqu'à *Pythagore*, serait aussi ancienne dans la science que le carré de *l'hypoténuse*. Le défaut de critique qu'elle dénote dans les anciens philosophes n'a en lui-même rien de bien étonnant, et elle concourt à prouver que l'*idée du soulèvement des montagnes* se perd dans la nuit des temps; car chacun a

plétement pâteux, ou même à l'état de solide

dans la mémoire des passages plus anciens encore, où l'image de la fuite de la mer est associée à celle du bondissement des montagnes et des collines.

De Saussure n'ignorait pas l'antique origine de ces idées; mais, au lieu de discuter nominativement des opinions en partie fort bizarres, qui auraient gâté son magnifique tableau de l'horizon du Cramont, il s'est borné à faire comprendre qu'il n'avait pas oublié son Ovide, en reproduisant exactement, ainsi qu'on peut le voir ci-dessus, la tournure de phrase du poétique interprète de Pythagore; et ses dernières phrases rappellent naturellement certains vers de Virgile.

Il doit être superflu d'ajouter que je ne fais pas ces rapprochements pour contester l'originalité des idées de de Saussure; mais je puis faire remarquer en même temps que la justice qui est due à de Saussure n'infirme pas non plus l'originalité de ses successeurs, car de Saussure s'est souvent exprimé ailleurs d'une manière assez dubitative pour qu'aujourd'hui encore beaucoup de géologues soient fondés à douter que les passages transcrits ci-dessus soient bien l'expression définitive de ses idées. Il y a vingt ans, beaucoup de personnes auraient trouvé étrange qu'on imputât à de Saussure d'avoir professé presque sans réserve de pareilles théories, et elles n'auraient pas manqué de citer d'autres passages de ses écrits pour faire justice d'une telle témérité.

En écrivant ces divers passages, dont le dernier a été imprimé trois ans seulement avant sa mort, de Saussure conservait sans doute le projet de les développer ultérieurement. Dans l'état provisoire où l'immortel observateur nous les a laissés, ils me paraissent moins clairs que l'article qu'il a consacré aux *poudingues de Valorsine*, § 687 (t. II de l'édition in-4, 1784).

C'est par tous ces motifs que dans mes *Recherches sur quelques unes des révolutions de la surface du globe*, je suis parti directement (*) des observations que de Saussure

(*) *Annales des sciences naturelles*, t. XVIII, p. 1 (1829).

écrasé (1), de points situés plus ou moins profondément au-dessous de la surface. Je rappellerai seulement que les altérations essentielles auxquelles l'écorce terrestre a été soumise, dans sa structure, dans la position relative et dans l'état de compression de ses parties constituantes, au-dessous de chaque chaînon de montagnes, se font sentir à la surface par des déviations dans la direction du fil à plomb, et par des anomalies particulières dans la marche du pendule, que M. de Humboldt appelle si justement un instrument géognostique.

J'ai signalé dans mes premières recherches sur les révolutions de la surface du globe cette circonstance remarquable, que les de-

a faites sur les poudingues de Valorsine, observations sur lesquelles il n'a jamais varié : je les ai rappelées de nouveau aux pages 4 et 5 du présent volume. Ces observations, vérifiées par Dolomieu, par M. Brochant et par tous les géologues auxquels les Alpes sont familières, ont passé depuis longtemps dans les premiers éléments de la science; je n'ai pas besoin de les transcrire.

Au surplus, tout cela se lilit dans l'esprit de de Saussure comme dans la nature. Valorsine et le Cramont sont situés de part et d'autre du massif de roches primitives du Mont-Blanc, dont la largeur est d'environ 11,000 mètres.

(1) L'expression trop inusitée peut-être de *solide écrasé* trouvera son explication dans l'étude de la structure d'un grand nombre de masses minérales, et particulièrement dans celle des joints des roches granitoïdes dont sont formées les aiguilles de Chamouni.

grés des lignes géodésiques qni traversent les axes des chaînes de montagnes sont généralement plus courts que ceux qui s'étendent de part et d'autre sur des plaines (1). Deux des savants officiers chargés de la grande triangulation qui sert de base à la nouvelle carte de France, MM. Hossard et Rozet, et M. Petit, directeur de l'observatoire de Toulouse, ont fait depuis sur ces matières des recherches plus approfondies, dont je regrette de ne pouvoir consigner ici les résultats avec l'étendue qu'ils méritent.

Ces anomalies dans la direction et dans l'intensité de la pesanteur, quel que soit le sens dans lequel elles se manifestent, tendent à prouver que les montagnes ne sont pas de simples *applications de matières* faites extérieurement sur l'écorce terrestre, mais qu'elles sont au contraire la manifestation extérieure de perturbations profondes dans la disposition des masses invisibles à nos regards, qui agissent par leur attraction sur le fil à plomb et sur le pendule. Il me paraît difficile que ces perturbations puissent jamais être mieux expliquées qu'elles ne le sont par la *théorie des soulèvements*.

(1) *Recherches sur quelques unes des révolutions de la surface du globe.* — *Annales des sciences naturelles*, t. XIX, p. 200 (1830).

Dans la forme sous laquelle je viens d'esquisser cette théorie, toutes les irrégularités que présente l'écorce terrestre, soit dans sa forme extérieure, soit dans sa structure, soit dans sa densité, et même la régularité singulière qui se manifeste dans la disposition de ces irrégularités, résulteraient, en principe, de la disparition d'une partie de la chaleur que la terre renfermait, lorsque son écorce, aujourd'hui consolidée, était à l'état de fusion. Cette chaleur pouvait n'être autre chose qu'une chaleur primitive à laquelle, suivant l'opinion plus ou moins explicite des plus heureux interprètes de la nature, Descartes, Newton, Leibnitz, Buffon, Laplace, Fourier, etc., la terre devrait sa forme sphéroïdale et la disposition généralement régulière de ses couches du centre à la circonférence, par ordre de pesanteur spécifique : elle pourrait, au contraire, avoir une origine moins ancienne, mais antérieure, cependant, à tous les phénomènes observables pour les géologues, ainsi que l'ont pensé M. Poisson et d'autres savants éminents ; sans que la nature des phénomènes mécaniques que sa disparition lente a dû et doit encore produire dans l'écorce en fût essentiellement altérée.

Dans l'un et dans l'autre cas, le caractère

essentiel de la théorie qui s'appuie sur cette déperdition de chaleur consiste en ce qu'elle fait dériver le *soulèvement* des montagnes d'une *diminution lente et progressive du volume de la terre.*

Le phénomène *lent et continu* du refroidissement de la terre occasionne une diminution progressive dans la longueur de son rayon moyen, et cette diminution détermine dans les différents points de la surface un mouvement centripète qui, en rapprochant chacun d'eux du centre, l'*abaisse* par degrés insensibles au-dessous de sa position initiale. Ce mouvement centripète est, à la vérité, contrarié partiellement et temporairement, pour certaines parties de la surface, par les *bossellements lents* occasionnés par l'ampleur surabondante de l'écorce ; mais à la longue, il doit finir par prévaloir universellement.

M. Delesse évalue à 1,430 mètres la diminution de longueur que le rayon terrestre a éprouvée par le seul fait de la cristallisation des roches qui forment l'écorce solide du globe, et la diminution due simplement à la déperdition de la chaleur intérieure, qui s'opère constamment à la surface, a été probablement plus considérable encore. La surface du globe s'est donc rapprochée pro-

gressivement de son centre avec les montagnes qu'elle supporte et les mers qui la couvrent en partie, d'une quantité qui peut-être
n'est pas inférieure à la hauteur du Chim-
horaço, et même à celle des plus hautes
cimes de l'Hymalaya.

Mais cet abaissement total s'est opéré d'une
manière progressive pendant toute la durée
des périodes géologiques, et dans un laps de
temps restreint l'abaissement a été extrêmement petit.

La formation d'un *système de montagnes*
résultant de l'écrasement transversal d'un
fuseau de l'écorce terrestre a été de sa nature un phénomène d'une très courte durée
et pour ainsi dire instantané. Pendant un
temps aussi court, *le volume* de la terre n'a
pu diminuer sensiblement, ni par l'effet de
la cristallisation des roches, ni par celui de
la déperdition de la chaleur ; de sorte qu'à
la fin de l'écrasement transversal du fuseau,
ce volume était très sensiblement le même
qu'au commencement de l'écrasement. Pendant la durée de chacune des périodes de
tranquillité qui se sont succédé sur la surface
du globe, entre les apparitions des différents
systèmes de montagnes, le volume de la
terre a diminué d'une quantité quelconque
dont la détermination ne touche pas direc-

tement à la question qui nous occupe; mais pendant la durée de l'écrasement transversal d'un fuseau, la diminution du volume a été complétement insensible. De là on peut déjà conclure que les excroissances produites sur la surface par l'écrasement se sont écartées du centre d'une quantité peu différente de celle dont elles se sont élevées au-dessus de la position initiale de la surface que l'écrasement transversal a tuméfiée.

Les matières que la compression transversale a forcées à chercher une issue au dehors ont passé à travers la surface auparavant unie du terrain (comme le doigt, pour ainsi dire, à travers une boutonnière), mais en crevant *de bas en haut* les assises superficielles, pour former des intumescences allongées. C'est là, si je ne me trompe, le sens dans lequel on emploie habituellement le mot *soulèvement;* et relativement aux matières granitiques ou autres qui sont venues de points situés plus ou moins profondément au-dessous de la surface, pour former les sommets des montagnes, la quantité dont elles ont été soulevées est souvent beaucoup plus grande que je ne viens de l'indiquer. Mais afin de réduire la question à ses termes les plus simples, on peut se borner à considérer

les couches qui, formant précédemment la
surface unie de l'écorce, se sont trouvées,
après le soulèvement, sur les flancs des
montagnes.

Lorsqu'on veut évaluer la quantité du
soulèvement de ces couches, on peut établir
une distinction entre le *soulèvement relatif*
rapporté au terrain plat sur lequel la montagne est en saillie, le *soulèvement relatif*
rapporté au niveau de la mer, et le *soulèvement absolu* rapporté au centre de la terre.

Le *soulèvement relatif* rapporté aux terrains plats circonvoisins ne dépend que de
la hauteur de la montagne au-dessus de ces
terrains ; si les terrains plats, de part et
d'autre, ont cessé d'être de niveau au moment de la formation de la montagne, on a
une moyenne à prendre : mais le *soulèvement
relatif* rapporté au niveau de la mer dépend
en outre du changement d'élévation que ces
mêmes terrains plats peuvent avoir éprouvé
en moyenne au moment du phénomène.

Par le fait même de la compression
transversale d'un fuseau de l'écorce terrestre, le mode de bossellement et de ridement de sa surface a changé, et, par suite
de ce changement, certaines parties de la
surface se sont élevées par rapport au niveau de la mer, tandis que d'autres se sont

abaissées. L'examen rapide que j'ai fait ci-
dessus du mode de bossellement actuel de
l'écorce terrestre, a montré que les montagnes les plus modernes se trouvent en général sur les parties de l'écorce que les derniers
phénomènes ont émergées et bombées, d'où
l'on peut conclure qu'en général le *soulèvement relatif* rapporté au niveau de la mer a
dû être un peu plus grand que le *soulèvement
relatif* rapporté aux terrains plats circonvoisins ; mais comme le changement d'élévation
des terrains plats a été le plus souvent peu
considérable par rapport à la hauteur des
montagnes , cette première distinction est
en elle-même peu importante.

La distinction entre le *soulèvement relatif*
considéré de l'une ou de l'autre manière,
et le *soulèvement absolu* rapporté au centre
de la terre, a quelque chose de plus obscur.

On argumente sur ce sujet, en partant de
ce que l'écrasement transversal est une conséquence de la diminution du rayon de la
terre. Mais cette argumentation ne peut s'appuyer que sur une diminution que le rayon
de la terre aurait éprouvée *pendant* la durée
même du phénomène d'écrasement. Or,
comme je l'ai déjà remarqué , la durée du
phénomène d'écrasement a été trop courte
pour que la terre ait perdu pendant cet in-

tervalle une quantité de chaleur sensible et capable de diminuer son volume d'une manière appréciable ; il n'y a donc pas eu, dans ce court intervalle, de diminution du rayon dépendante d'une diminution de volume ; mais le changement qui est survenu dans la configuration extérieure de toute la masse, dont le volume restait le même, a généralement occasionné dans le rayon moyen de la surface sphéroïdale des mers une diminution, dont il nous reste encore à apprécier l'importance et à laquelle se rapporte uniquement la distinction du *soulèvement absolu* et du *soulèvement relatif* rapporté au niveau de la mer.

Cette diminution résulte principalement de ce que les masses des montagnes qui ont été *mises en relief au dessus de la surface* générale du sphéroïde doivent être retranchées de la quantité de matière que cette surface renfermait, et être comptées, par suite, en déduction de son volume et de son rayon.

Sauf les émersions et immersions de certaines parties des continents, qui se sont, suivant toute apparence, à peu près compensées, c'est là la seule diminution générale que les rayons de la terre aient subie par la sortie à l'extérieur d'un système de montagnes, et cette diminution est facile à exprimer par le calcul d'une manière approximative.

Si l'on appelle R le rayon d'une sphère d'un volume égal à celui que possédait avant le phénomène le sphéroïde régulier représenté par la surface des mers ; par A le volume de la partie des continents et des montagnes qui se trouvait alors au-dessus du niveau des mers, et par ϵ le volume des cavités non remplies par les eaux qui pouvaient exister au-dessous de la surface du globe. Si l'on représente semblablement par R', A' et ϵ' les valeurs des mêmes quantités après l'écrasement transversal d'un fuseau de l'écorce qui a donné naissance à un nouveau système de montagnes, le volume de la terre entière et des eaux aura pour expression, avant l'écrasement,

$$\frac{4}{3}\pi R^3 + A - \epsilon,$$

et après l'écrasement,

$$\frac{4}{3}\pi R'^3 + A' - \epsilon'.$$

La diminution de volume qui a pu avoir lieu pendant la courte durée de l'écrasement étant négligeable, ces deux quantités sont égales ; donc on a

$$\frac{4}{3}\pi R^3 - \frac{4}{3}\pi R'^3 + A - A' - \iota + \iota' = 0.$$

Et si l'on pose $R - R' = \Delta R$, et qu'on observe que ΔR est nécessairement très petit par rapport à R', on aura, avec une approximation suffisante :

$$4\pi R'^2 \Delta R + A - A' - \iota + \iota' = 0,$$
$$\Delta R = \frac{A' - A + \iota - \iota'}{4\pi R'^2}$$

Dans cette expression, ι et ι' représentent les cavités non remplies d'eau qui, aux deux époques successives, ont existé dans l'intérieur de la terre. Les personnes dont les théories exigeraient que ces quantités fussent considérables auraient à démontrer que de très vastes cavités ont existé dans l'intérieur de la terre, ou tout au moins la probabilité, et même la possibilité de leur existence. Jusque-là je puis me contenter de voir dans ι et ι' la représentation de vides du même ordre que les cavernes de la Carniole, du Derbyshire et autres, auxquelles j'ai fait allusion ci-des-

112*

sus ; regarder, par conséquent, $\dfrac{\varepsilon}{4\pi R'^2}$

et $\dfrac{\varepsilon'}{4\pi R'^2}$ comme de très petites quantités ;

considérer, par suite, $\dfrac{\varepsilon - \varepsilon'}{4\pi R'^2}$ comme une

quantité absolument négligeable et écrire :

$$\Delta R = \frac{A' - A}{4\pi R'^2}.$$

Maintenant, si l'on suppose par exemple que le système de montagnes à la naissance duquel cette équation se rapporte soit le plus moderne de tous, A' exprimera le volume des continents actuels, avec leurs montagnes et, $4\pi R'^2$ étant l'expression de la surface de la sphère, $\dfrac{A'}{4\pi R'^2}$ représentera la hauteur de la couche qu'on formerait en répartissant uniformément sur la surface *entière* du globe la matière dont les continents se composent. D'après les recherches dont M. de Humboldt a consigné les résultats dans son grand ouvrage sur l'Asie centrale (1), la hauteur moyenne des continents peut être estimée à 308 mètres (au maximum) ; et

(1) Humboldt, *Asie centrale*, t. I, p. 92.

comme ces continents occupent à peu près
le quart de la surface entière du globe, la
couche formée par leurs matériaux répandus uniformément sur le globe entier aurait
une épaisseur égale à $\dfrac{308}{4} = 77$ mètres.

Dans la même supposition, $\dfrac{A}{4\pi R'^2}$ se
rapporte aux continents de la période qui a
précédé la nôtre immédiatement. Ces continents, avec leurs montagnes, avaient sans
doute un volume un peu différent des nô-
tres et, suivant toute apparence, un peu
plus petit; mais la différence était probablement peu considérable, et la valeur numérique de $\dfrac{A}{4\pi R'^2}$ ne pourrait être supposée différer de 77 mètres que d'une petite
quantité, d'un très petit nombre de mètres.

Ainsi, $\Delta R = \dfrac{A' - A}{4\pi R'^2}$ équivaut à un très
petit nombre de mètres.

Or, $\Delta R = R - R'$ exprime très
sensiblement la quantité dont le rayon
moyen du sphéroïde régulier représenté
par la surface des mers a diminué par
l'effet de la sortie au dehors du dernier
système de montagnes. On voit donc que,

pendant ce phénomène, la surface ne s'est rapprochée du centre que d'une quantité presque inappréciable, ce qu'il était, au reste, bien facile de prévoir, en raison de la petitesse des dimensions des montagnes, comparées à celles du globe terrestre.

Cette valeur de ΔR, égale à quelques mètres seulement, est la mesure de la différence qui existe entre le *soulèvement absolu* rapporté au centre de la terre et le *soulèvement relatif* rapporté au niveau de la mer. Cette différence rend *inexact* le mot *soulèvement*, pris dans un *sens absolu*, pour les proéminences de l'écorce terrestre, dont le *soulèvement relatif* a été *moindre* que la quantité, de quelques mètres seulement, dont la surface du globe, prise dans son ensemble, s'est abaissée et a, en quelque sorte, *reculé* vers le centre, au moment de la sortie à l'extérieur d'un nouveau système de montagnes; mais des proéminences de quelques mètres ne sont pas généralement classées parmi les montagnes, et ce n'est pas elles qu'on a eu en vue lorsqu'on a dit que *les montagnes* ont été formées par voie de soulèvement.

Lorsque les *montagnes* ont pris leur relief au-dessus de la surface générale du globe, leurs cimes se sont écartées du centre de la terre, parce que le mouvement de propulsion vers l'extérieur qui les a mises en saillie a surpassé le mouvement général de rétrocession de l'ensemble de la surface vers le centre, d'où il suit que le mot *soulèvement,* appliqué à leur mode de formation, est *vrai dans un sens absolu aussi bien que dans un sens relatif.*

L'importance relative des deux mouvements opposés, l'un centrifuge et l'autre centripète, qui sont ici en présence, peut être rendue sensible par une comparaison très simple.

S'il s'agit d'une montagne dont la cime a éprouvé un mouvement centrifuge d'environ 3,000 mètres, comme le Mont-Perdu, par exemple, et si l'on suppose que le mouvement centripète relatif à la sortie du système dont cette montagne fait partie a été de 10 mètres, le mouvement de recul de l'écorce terrestre vers le centre a été au mouvement de projection de la montagne vers l'extérieur dans le rapport de 1 à 300.

Pour les bouches à feu qui lancent des projectiles jusqu'à 3 et même à près de 5,000 mètres, le recul varie de 1ᵐ,50 à 10 mètres (1). Pour une pièce de campagne pointée presque horizontalement, qui lan-

(1) *Aide-mémoire à l'usage des officiers d'artillerie,* 2ᵉ édition (1844), p. 410-414.

cerait un boulet à 1,200 mètres en reculant de 4 mètres sur un terrain solide et uni, le rapport entre le *recul de la pièce* et le *mouvement du boulet* serait encore de 1 à 300.

La différence entre le *soulèvement absolu* des montagnes rapporté au centre de la terre et le *soulèvement relatif* rapporté au niveau de la mer est donc à peu près la même que celle.qu'on pourrait établir entre le *mouvement absolu* du boulet, rapporté à un point fixe du terrain, et son *mouvement relatif*, rapporté à l'âme de la pièce, qui recule par l'effet de l'explosion. La distinction, on doit en convenir, n'est pas d'une grande importance ; mais il y.a ici une différence toute à l'avantage de l'artillerie, c'est qu'elle peut mesurer avec une égale précision la portée du boulet et le recul de la pièce, tandis que le géologue peut bien observer les effets du mouvement qui a projeté les montagnes au dehors de l'écorce terrestre et en mesurer l'étendue ; mais, quant au mouvement qui a, en même temps, rapproché la surface du globe de son centre, il peut seulement conclure son existence de considérations abstraites, mais non en faire l'objet d'observations ni de mesures directes.

Le mouvement du boulet et le recul de la pièce sont inséparables l'un de l'autre ;

mais, dans l'emploi de l'artillerie, on fait généralement plus d'attention au premier qu'au second. D'après la remarque précédente, on doit concevoir *à fortiori* que les géologues ont dû s'occuper davantage du soulèvement des montagnes que du léger mouvement qui, à chaque époque de soulèvement, a rapproché du centre du globe la surface entière des continents et des mers. Toutefois, dans la théorie que j'expose, ce dernier *mouvement a été réel*, et si, relativement aux montagnes, il a produit seulement une légère diminution dans le mouvement de projection qui les a écartées du centre de la terre, il est certain que, relativement au fond des mers, il s'est ajouté à l'affaissement qui l'en a généralement rapproché.

Je n'ai pas cru devoir terminer cet ouvrage sans y donner un aperçu de la théorie que je viens d'esquisser ; mais je crois devoir rappeler en même temps que j'ai toujours pris soin de la séparer des résultats directs de l'observation et des conséquences qui s'en déduisent le plus immédiatement. Dans l'origine, je les ai consignés dans des publications indépendantes l'une de l'autre, en insistant même sur la possibilité de séparer presque entièrement l'analyse des faits des considérations théoriques.

A la fin de mes premières recherches sur les révolutions du globe, j'avais placé les remarques suivantes. « La cause des phéno- » mènes passagers que je viens de rappeler » n'est entrée pour rien dans l'objet de mon » travail *actuel* : les questions que je me » suis proposé de résoudre n'étaient que des » des questions d'époques et de *coïncidences* » *de dates*. Les résultats auxquels je suis » parvenu, relativement aux époques aux- » quelles plusieurs systèmes de montagnes » ont reçu les traits principaux de leur forme » actuelle, sont absolument indépendants de » toute hypothèse relative à la manière dont » ils ont reçu cette forme. En admettant » mes résultats, on resterait libre, à la ri- » gueur, de choisir entre l'hypothèse de » Deluc qui expliquait le redressement des » couches par l'affaissement d'une partie de » l'écorce du globe et l'hypothèse générale- » ment admise par les plus célèbres géolo- » gues de notre époque (1), et qui consiste

(1) Avant et après la publication de mes *Recherches sur les révolutions du globe*, j'ai accompagné dans ses voyages, pendant des mois entiers, mon excellent ami M. Léopold de Buch. Je l'ai souvent entendu expliquer la formation des montagnes, mais je ne l'ai jamais entendu exprimer aucune opinion sur les mouvements du fond de la mer ; et si mon illustre maître avait un jour la bonté de parcourir cet écrit, peut-être serait-il surpris de m'y voir même remarquer

» à supposer que les couches secondaires
» qu'on trouve redressées dans les chaînes
» de montagnes l'ont été par le soulèvement
» des masses de roches primitives, qui con-
» stituent généralement leur axe central et
» leurs principales sommités (1). »

Je disais, dans le même esprit, après avoir
terminé ci-dessus, page 1221, l'exposition
des moyens de fixer définitivement l'installation du réseau pentagonal, qu'on pourrait
ne pas chercher à la *symétrie pentagonale*
d'autre raison d'être que sa régularité même.

En effet, une loi de symétrie constatée par
l'analyse des observations ou par celle des
chiffres qui les expriment est elle-même un
fait indépendant de toute théorie, et il est
tellement naturel de trouver un fond de régularité dans les accidents d'un corps sensiblement sphérique, qu'on peut voir dans ce
résultat une vérification pure et simple de
la justesse des observations qui y conduisent.
Loin d'être une déduction théorique, ce résultat impose à la théorie de la terre la nécessité de l'expliquer. Les discordances de
stratification, l'accord général des directions

qu'une théorie, suivant laquelle le *fond de la mer* doit souvent s'être affaissé, n'a en cela rien de contraire au principe
du soulèvement des montagnes,

(1) *Ann. des sc. nat.*, t. XIX, p. 225 (1830).

dans les chaînons de montagnes caractérisés par une même discordance de stratification et l'existence de la *symétrie pentagona'e* dans la disposition des accidents de l'écorce terrestre sont des *faits géognostiques* indépendants de toute autre hypothèse que celle de de Saussure concernant le redressement des couches des poudingues de Valorsine, dont ils dépendent même dans leurs conséquences beaucoup plus que dans leur essence propre.

L'explication que j'ai essayé d'en donner dans les cent vingt dernières pages du volume pourrait être insuffisante, sans que l'ensemble de ces faits perdît rien de sa certitude. Elle n'a en principe rien de nouveau ; car le mot *actuel* que j'ai souligné, en transcrivant ci-dessus un passage de mon mémoire publié en 1830 renvoyait implicitement à mon mémoire de 1829 sur les montagnes de l'Oisans (1), où se trouve brièvement exposée la *théorie des soulèvements déduite du refroidissement de la terre* que j'ai constamment professée depuis lors, dans mes leçons et dans mes diverses publications géologiques, mais en continuant toujours à la séparer soigneusement de l'exposition des faits et de leurs conséquences immédiates.

(1) *Mémoires de la Société d'histoire naturelle de Paris*, t V, p. 18 'd ns la n te;.

FIN.

ADDITION A LA PAGE 831.

J'ai exprimé, p. 831, le regret de n'avoir pu comprendre dans mon travail les systèmes de montagnes signalés par M. Durocher, dans un mémoire présenté à l'Académie des sciences le 10 juin 1850 (1), d'après les observations qu'il a faites dans la Scandinavie. Je suis heureux de pouvoir consigner au moins ici le tableau de ces systèmes, et j'y joins aussi l'indication d'autres systèmes dont M. Durocher a trouvé les types en Bretagne et dans les Pyrénées, et qu'il a fait connaître dans un second mémoire présenté à l'Académie, le 11 août 1851. Ces systèmes, sans compter ceux relativement auxquels M. Durocher n'a encore exprimé que des conjectures, sont en tout au nombre de 12.

Je suis convaincu que la détermination de ces douze systèmes de montagnes fera beaucoup d'honneur à M. Durocher, et le défaut de temps m'a seul empêché jusqu'à présent d'essayer de les représenter par des cercles du *réseau pentagonal*.

Tableau des systèmes de montagnes déterminés par M. Durocher.

DÉNOMINATIONS.	DIRECTIONS.
1° Système d'*Arendal*.	E. 42° 30′, N.-O. 42° 30′ S.
2° Système des *Kiöl*.	N.-N.-E., S.-S.-O.
3° Système du *Dovrfield*.	E. 20 à 21° N., O. 20 à 21° S.
4° Système des Collines de *Tornea* et du *Ladoga oriental*. .	N. 10 à 15° O., S. 10 à 15° E.
5° Système méridien de la *Scandinavie*	N.-S. à peu près.
6° Système du *Jemtland* et de la *Laponie suédoise*. .	O. 30 à 40° N., E. 30 à 40° S.
7° Système de *Billingen*	N. 15° E., S. 15° O.
8° Système de *Brévig*, du *Hedemark* et de la *Dalécarlie occidentale*.	N. 21° O., S. 21° E.
9° Système de *Westerwick* (ou du *Thüringerwald ?*) .	O. 40 à 45° N., E. 40 à 45° S.
10° Système longitudinal de la *Bretagne*.	E.-O. à peu près.
11° Système métallifère de la *Bretagne*.	N.-N.-O., S.-S.-E.
12° Système des *Pyrénées-Orientales*.	O. un peu N.-E., un peu S.

ADDITION A LA PAGE 1162.

En relisant le mémoire de M. Durocher (1), je remarque que le mont *Ymesfield* ou *Storegaldhæpiggen*, élevé de 2605 mètres et point culminant de toute la Scandinavie, est situé dans le Jotunfield, et qu'il se trouve à quelques minutes seulement de l'*octaédrique de Nijney- Tagilsk* (p. 1161). Il en résulte que cet *octaédrique* a, relativement aux montagnes de la péninsule scandinave, une position aussi heureuse que l'*octaédrique du Mulehacen* par rapport à celles de la péninsule ibérienne.

L'*octaédrique d'Hindoë* (p. 1159) passe lui-même, en Laponie, à une assez petite distance du Sulitelma. La coïncidence est cependant moins précise; car, d'après la carte géologique de la Norwége par M. Keilhau, la cime de Sulitelma doit être placée par lat. 67° 10′ N., long. 14° 6′ 40″ O., d'où l'on déduit, par rapport à l'*octaédrique d'Hindoë*,

$$u = 0° \ 20' \ 31'' = 37,996 \text{ mètres.}$$

C'est à peu près la distance de *Lands-end* au grand cercle *primitif* DH‴ (p. 1199). Il

(1) *Comptes rend.*, t. XXX, p. 738 (1850).

113*

faudrait pouvoir discuter ce résultat, comme nous avons fait pour le Cornouailles, sur une carte géologique de la Laponie suédoise, qui malheureusement, je crois, n'existe pas encore.

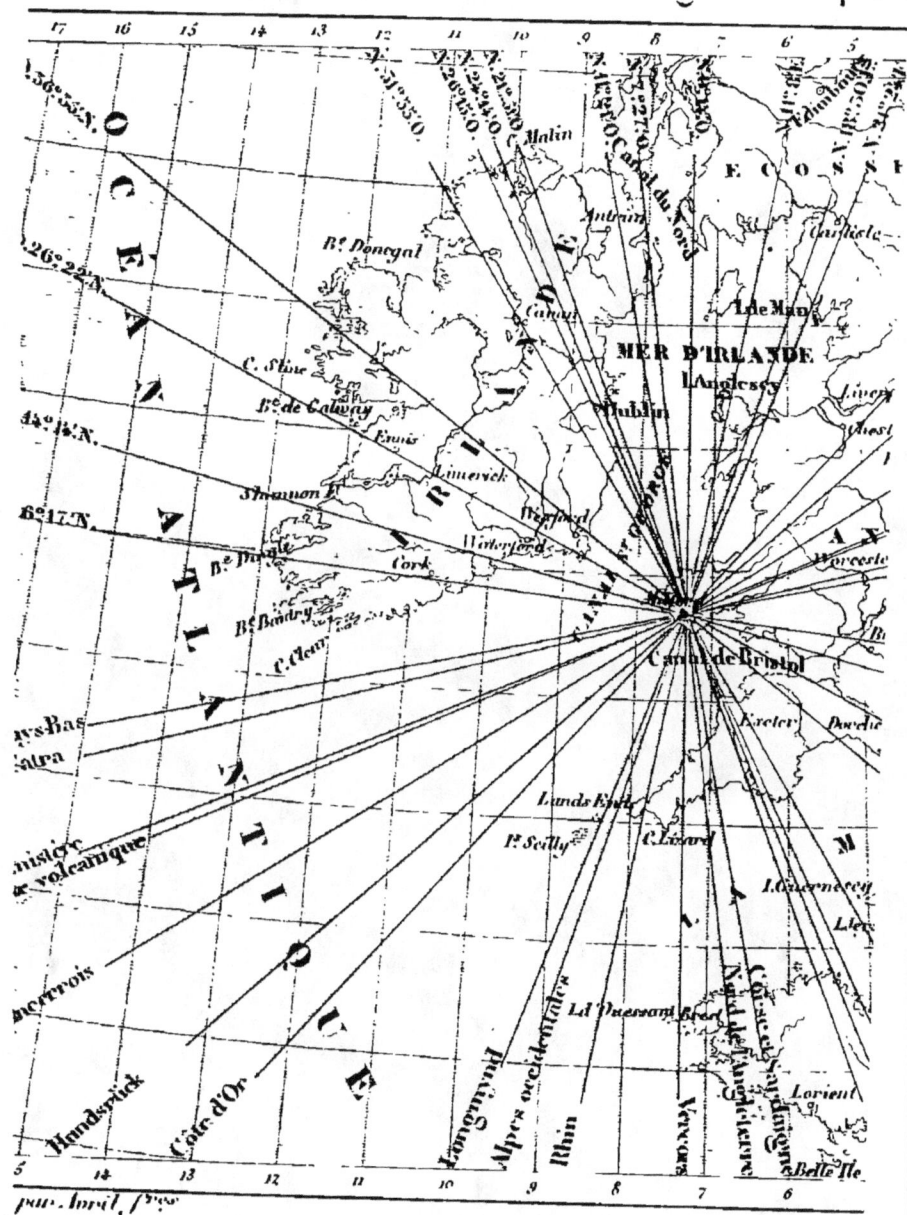

Directions des systèmes de montagnes transport...

par. Avril. 1850.

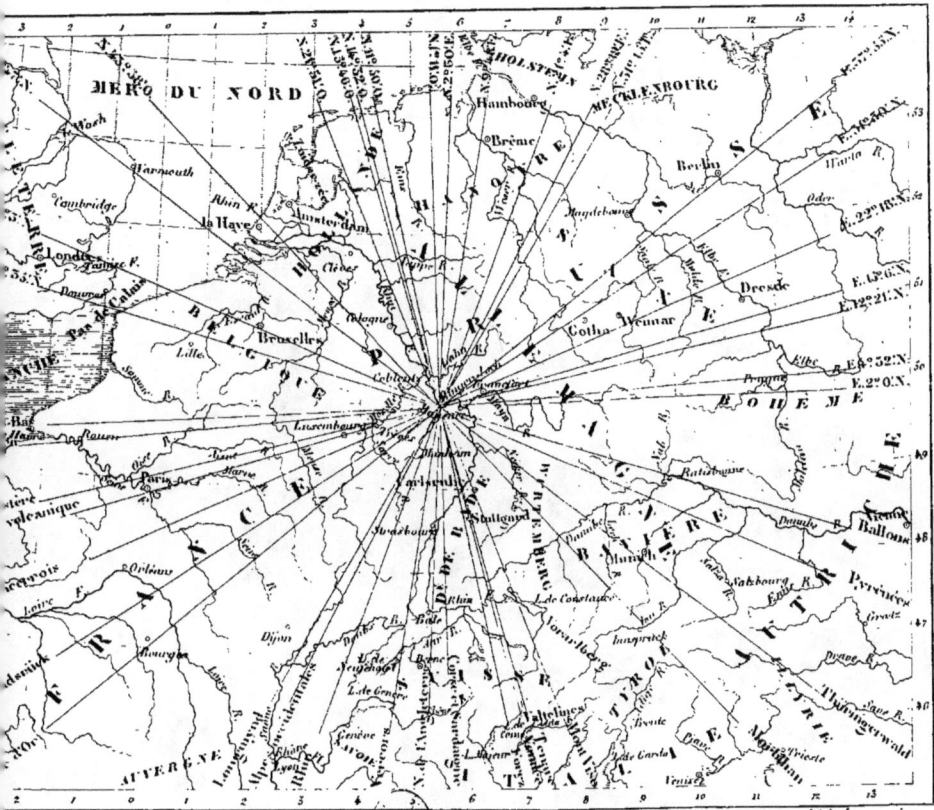

Directions des systèmes de montagnes transportées au **BINGER-LOCH**. *Pl. II*

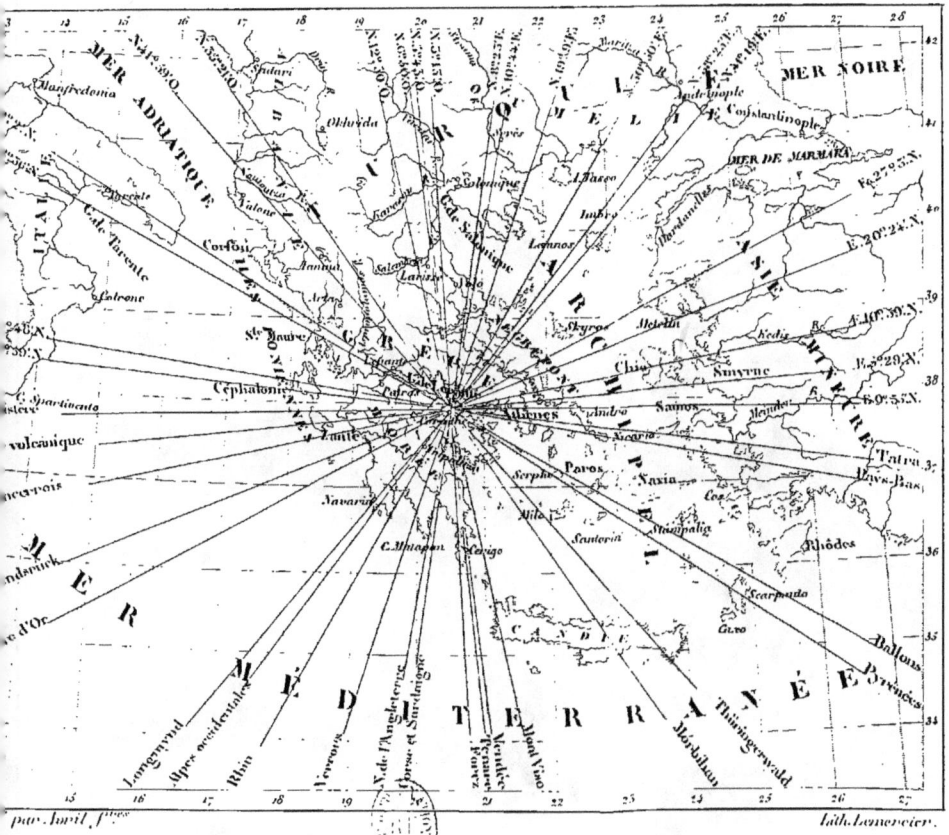

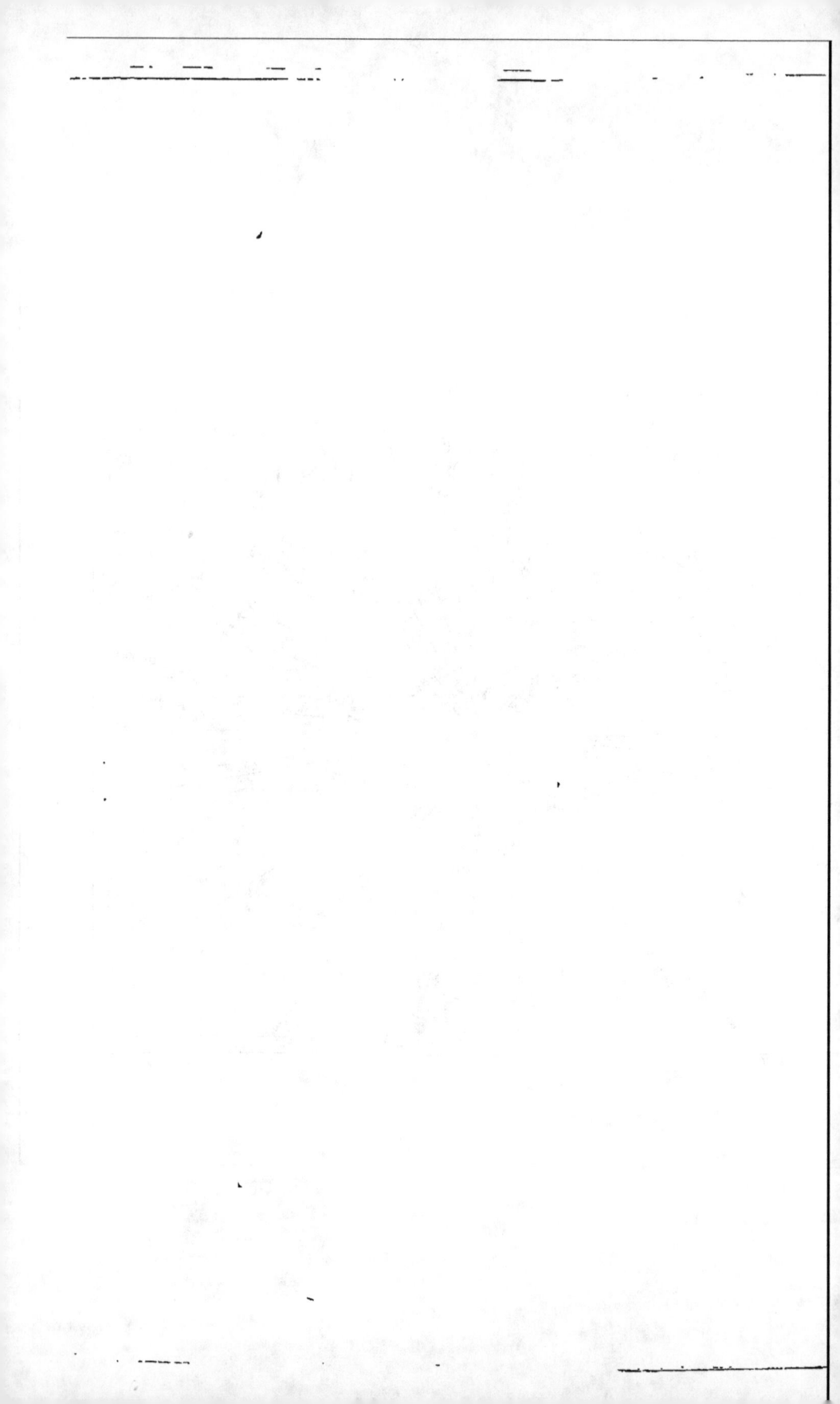

à Milford	au Binger-loch	à Corinthe	Moyenne	Intersections des grands Cercles de compar.ⁿ	Réunion des 5 1.ʳᵉˢ Colonnes	Angles calculés.
						53° 1' 21"
						53° 17' 53"
						54° 0' 0"
						54° 44' 8"
						54° 57' 16"
						55° 6' 21"
						56° 0' 44"
						56° 15' 33"
						56° 43' 44"
						57° 5' 13"
						57° 25' 45"
						57° 41' 18"
						58° 5' 47"
						58° 16' 57"
						58° 23' 10"

vé par Avril f.ʳᵉˢ   Lith. Lemercier

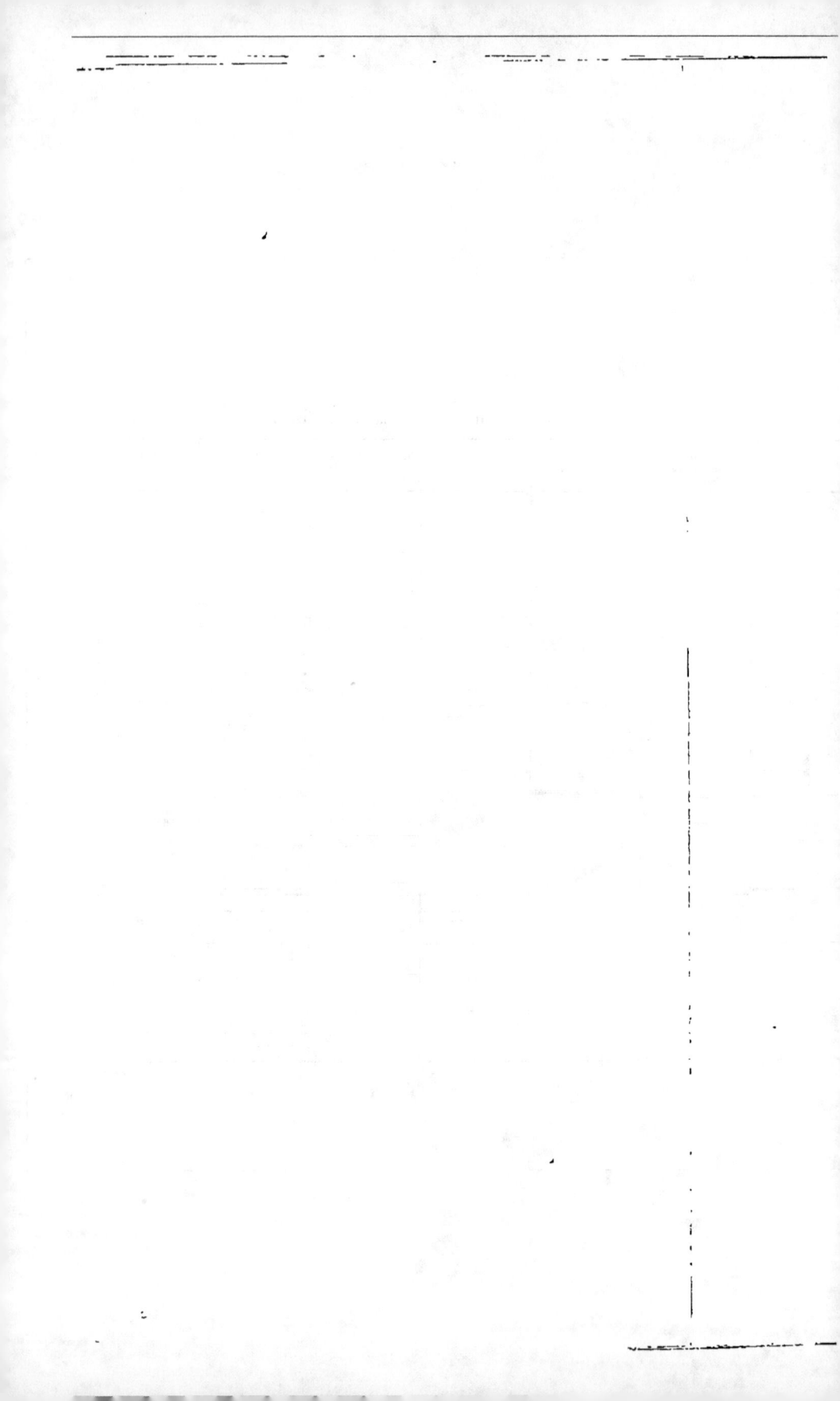

faudrait pouvoir discuter ce résultat, comme nous avons fait pour le Cornouailles, sur une carte géologique de la Laponie suédoise, qui malheureusement, je crois, n'existe pas encore.

Directions des systèmes de montagnes transportées au BINGER-LOCH. PL. II

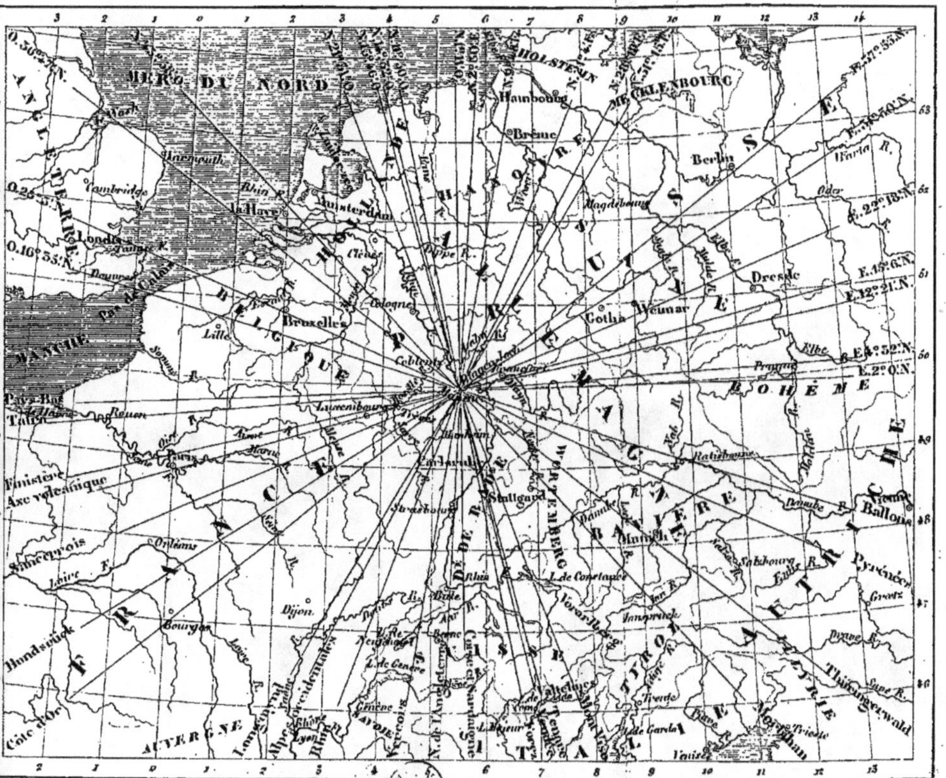

avé par Avril, f.res Lith. Lemercier.

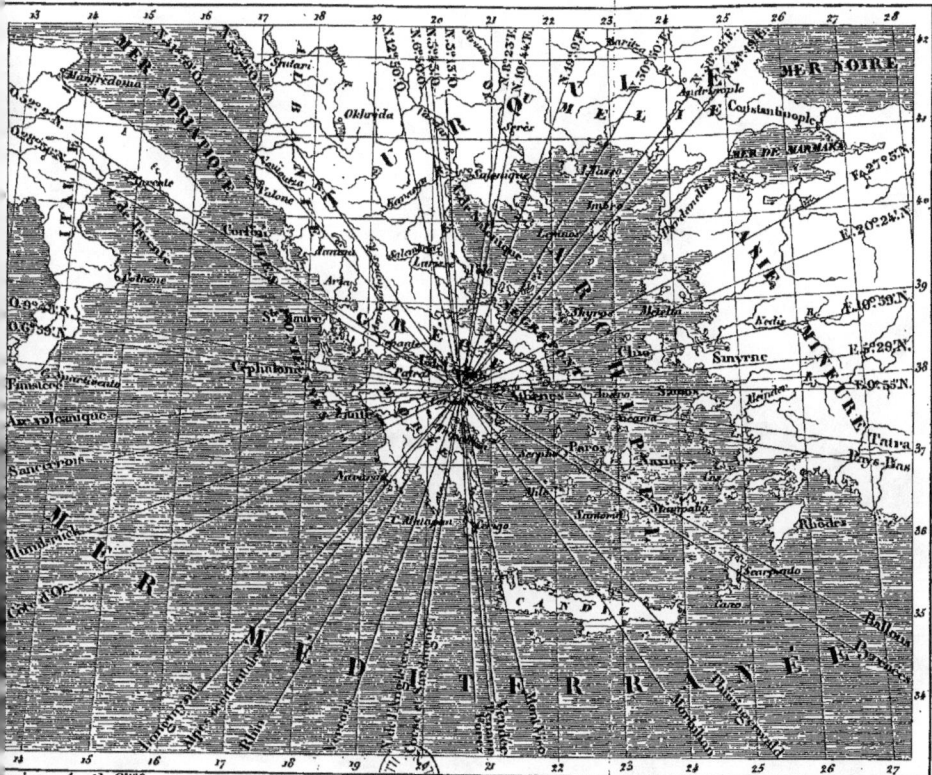

Gravé par Avril Jeunes   Lith. Lemercier.

Angles formés par les différents systèmes de montagnes. PL.IV

à Milford	au Binger-Ioch	à Carinthe	Moyenne	Intersections des grands Cercles de compar.ᵒⁿ	Réunion des 5 1.ᵉˢ Colonnes	Angles calculés.
						53° 1' 21"
						53° 17' 53"
						54° 0' 0"
						54° 44' 8"
						54° 57' 16"
						55° 6' 21"
						56° 0' 44"
						56° 15' 33"
						56° 43' 44"
						57° 5' 13"
						57° 25' 48"
						57° 41' 18"
						58° 5' 47"
						58° 16' 57"
						58° 28' 10"

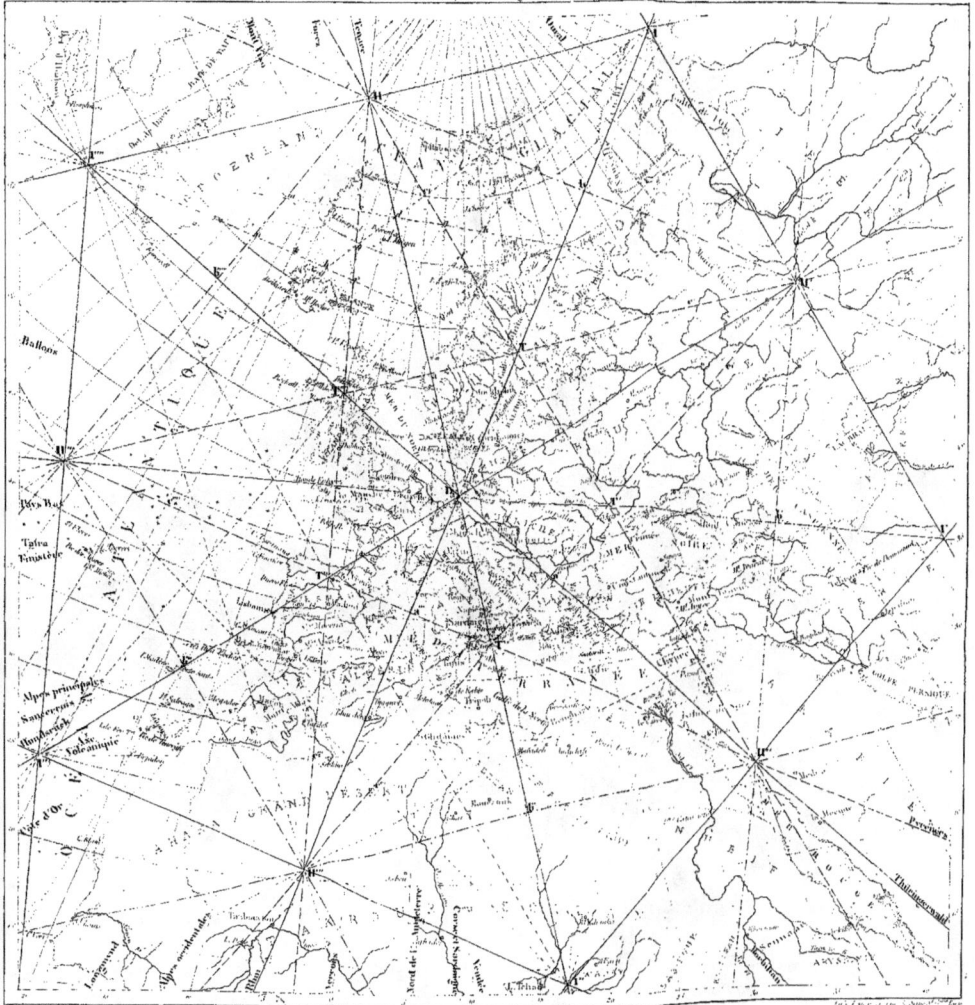

Le PENTAGONE EUROPÉEN en projection gnomonique sur l'horizon de son centre

Grands cercles primitifs — · · · · Oersédriques — · — · — Dodécaédriques réguliers — — — Dodécaédriques rhomboïdaux Cercles auxiliaires

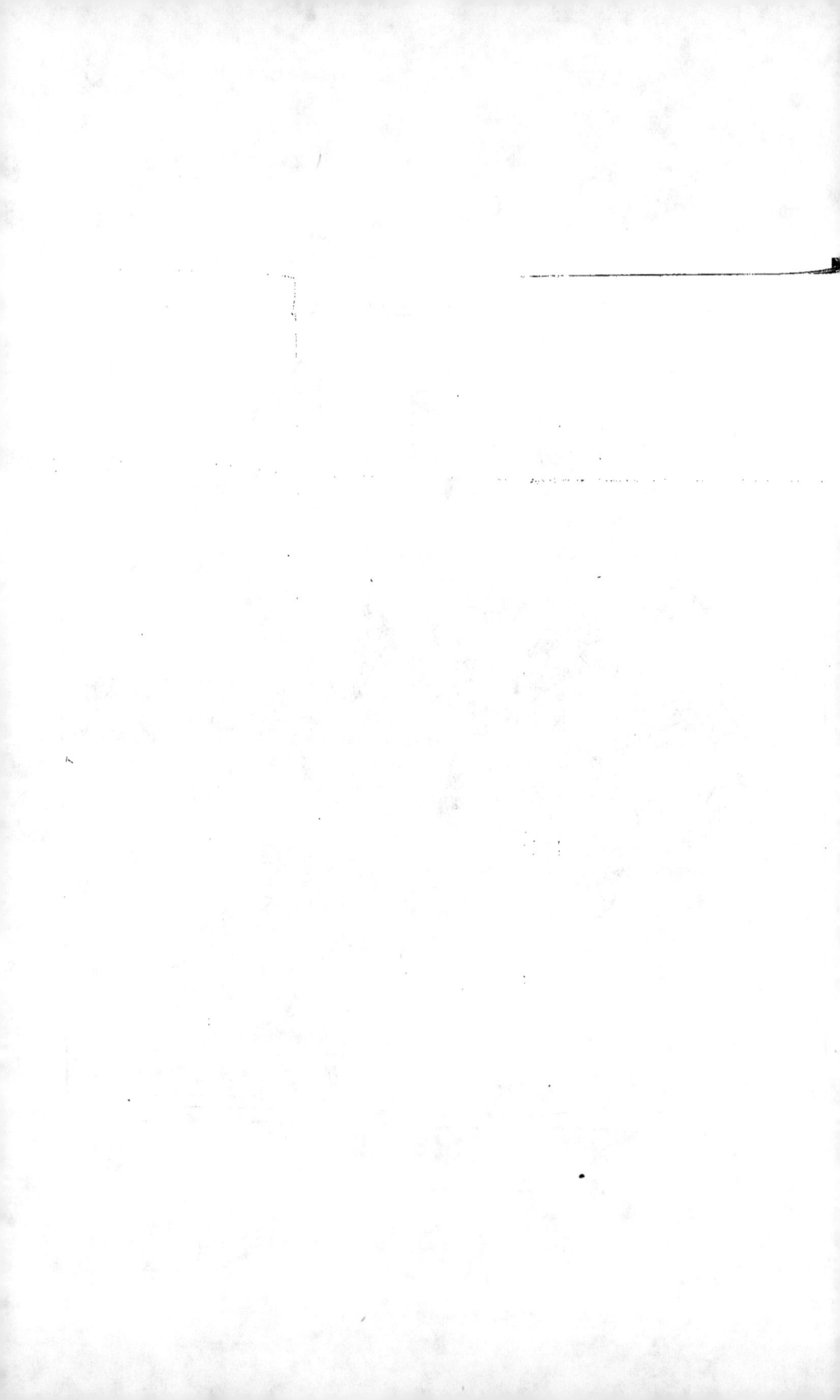

EXPLICATION DES PLANCHES.

—

La PLANCHE Ire est une carte d'une partie de l'Europe occidentale dressée en *projection conique* sur l'horizon de *Milford*. On y a tracé les directions des 21 *Systèmes de montagnes* de l'Europe occidentale *rapportées à Milford*. Chaque direction a été obtenue en calculant l'orientation qu'aurait à *Milford* un arc de grand cercle perpendiculaire au grand cercle de comparaison du *Système de montagnes* correspondant, et en menant ensuite par *Milford* un second arc de grand cercle perpendiculaire au premier. Cet arc de grand cercle est représenté sur la carte par une ligne droite qui lui est tangente à Milford même. (Voir, pour plus de détails, la page 834 de l'ouvrage et les pages précédentes et suivantes.)

La PLANCHE II est une carte d'une partie de l'Europe centrale dressée en projection conique sur l'horizon du *Binger-Loch*, exactement comme la première sur l'horizon de *Milford*. (Voir la page 834 de l'ouvrage.)

La PLANCHE III est une carte de la Grèce et

EXPLICATION DES PLANCHES.

La Planche Iʳᵉ est une carte d'une partie de l'Europe occidentale dressée en *projection conique* sur l'horizon de *Milford*. On y a tracé les directions des 21 *Systèmes de montagnes* de l'Europe occidentale *rapportées à Milford.* Chaque direction a été obtenue en calculant l'orientation qu'aurait à *Milford* un arc de grand cercle perpendiculaire au grand cercle de comparaison du *Système de montagnes* correspondant, et en menant ensuite par *Milford* un second arc de grand cercle perpendiculaire au premier. Cet arc de grand cercle est représenté sur la carte par une ligne droite qui lui est tangente à Milford même. (Voir, pour plus de détails, la page 834 de l'ouvrage et les pages précédentes et suivantes.)

La Planche II est une carte d'une partie de l'Europe centrale dressée en projection conique sur l'horizon du *Binger-Loch*, exactement comme la première sur l'horizon de *Milford*. (Voir la page 834 de l'ouvrage.)

La Planche III est une carte de la Grèce et

des contrées adjacentes, dressée en projection conique sur l'horizon de *Corinthe* exactement comme la première sur l'horizon de *Milford*. (Voir la page 834 de l'ouvrage.)

La PLANCHE IV représente une partie seulement d'un tableau figuratif des angles formés par les 21 *Systèmes de montagnes de l'Europe occidentale*. Afin de ne pas lui donner trop d'étendue, on s'est borné aux angles compris entre 52° 30′ et 58° 30′. Chaque angle y est représenté sur une ligne droite horizontale qui tombe dans l'échelle verticale au point correspondant à la valeur de l'angle.

La première colonne comprend les angles formés à *Milford* par les arcs de grands cercles qui représentent pour ce point les directions des 21 *Systèmes de montagnes*.

La seconde colonne comprend les angles formés au *Binger-Loch* par les arcs de grands cercles correspondants relatifs à ce dernier point.

La troisième colonne comprend les angles formés de même à *Corinthe* par les arcs de grands cercles analogues relatifs à la position de cette ville.

La quatrième colonne est consacrée aux moyennes des trois valeurs, généralement un peu différentes l'une de l'autre, des angles formés à *Milford*, au *Binger-Loch* et à *Corinthe* par les arcs de grands cercles qui correspondent aux deux mêmes *Systèmes de montagnes*.

La cinquième colonne renferme les angles formés par les grands cercles de comparaison des différents *Systèmes de montagnes* aux points où ils se coupent mutuellement.

Enfin, la sixième colonne présente réunies ensemble les valeurs de tous les angles figurés dans les cinq premières colonnes. Ces valeurs y sont représentées respectivement par les prolongations des lignes qui les représentent déjà dans les cinq premières colonnes.

La septième colonne contient, exprimées en chiffres, les valeurs des angles formés par les cercles du *réseau pentagonal*, qui ont été adoptés pour représenter les 21 *Systèmes de montagnes de l'Europe occidentale*. Les chiffres sont écrits de manière que le milieu de leur hauteur réponde au point de l'échelle verticale qui correspond à la grandeur de l'angle auquel ils appartiennent.

Si la planche IV avait pu être assez étendue pour renfermer en entier le tableau qui s'étend de 0° à 90°, chaque colonne présenterait 210 valeurs d'angles, à l'exception de la sixième, qui en présenterait 1050. (Voir, pour plus de détails, la page 878 de l'ouvrage, ainsi que les pages précédentes et suivantes.)

La PLANCHE V est une carte de l'Europe et des contrées adjacentes, dressée en *projection gnomonique* sur l'horizon d'un point situé en Saxe, près de Remda, par 50° 46' 3",08 de latitude nord, et par 8° 53' 31",08 de longitude, à l'est de Paris. Les détails relatifs à la construction de cette carte sont donnés page 1038 et suivantes.

Les cercles du *réseau pentagonal* y sont figurés par des *lignes droites* pleines ou diversement ponctuées suivant l'espace des cercles, comme l'indique la légende placée au bas de la planche.

Ceux de ces cercles qui ont été adoptés pour représenter les *grands cercles de comparaison* des 24 *Systèmes de montagnes européens* sont indiqués par les noms de ces systèmes écrits à côté.

Les grands cercles du *réseau pentagonal* tracés sur la carte représentent un des 12 pentagones du réseau. A partir de la page 916, le texte de l'ouvrage renvoie souvent à cette planche, pour la disposition relative de ces cercles.

Le texte de l'ouvrage, de la page 1046 à la page 1200, contient de nombreux détails sur les rapports qui existent entre la structure géographique et géologique des pays figurés sur la carte et celle du *réseau pentagonal*.

TABLE GÉNÉRALE

DES MATIÈRES.

—

114*

TABLE ALPHABÉTIQUE

DES MATIÈRES.

—

127

127*

FIN DE LA TABLE.

ERRATA.

P. 28 , ligne 8 d'en haut, au lieu de qu'*elle*, lisez qu'*il*.

P. 34, lignes 14 et 15 d'en haut, au lieu d'*indéterminée*, lisez *nulle*.

P. 138, ligne 9 d'en bas, au lieu de *direction*, lisez *réduction*.

P. 139 , ligne 9 d'en bas, au lieu de E. 50° 55′ E., lisez E. 50° 55′ S.

P. 203, ligne 4 d'en bas, au lieu de *cos* C, lisez *cot* C.

P. 249, ligne 7 d'en bas, au lieu de O. 19°15′ N., lisez O. 18° 45′ 20″N.

P. 254, ligne 8 d'en bas, au lieu de O. 31° 30′ N., lisez O. 51° 30′ N.

P. 256 , ligne 10 d'en bas , au lieu de O. 19° 15′ N., lisez O. 18° 45′ 20″ N.

P. 300, ligne 4 d'en bas, au lieu de 2° 18′, lisez 0° 36′ 15″.

P. 300 , lignes 3 et 2 d'en bas, au lieu de E. 19° 57′ N., lisez E. 21° 35′ N.

N. B. N'ayant pas de notions précises sur le mode de projection d'après lequel est exécutée l'*Ordnance-map* de l'Angleterre, j'avais supposé d'abord que sa projection était analogue à celle de la carte de Cassini, et qu'elle se rapportait à un méridien qui divise l'Angleterre en deux parties à peu près égales. C'est d'après cette supposition que le nombre 2° 15' avait été calculé. M'étant adressé plus tard à sir Henry de la Bêche pour éclaircir les doutes que j'avais conservés à ce sujet, j'ai appris que les lignes qui terminent au N. et au S. la feuille 38 de l'*Ordnance-map* (*Swansea*) approchent beaucoup plus que je ne l'avais cru d'être perpendiculaires au méridien, et qu'elles sont orientées vers l'O. 0° 56' 55" S. De là la nécessité de substituer le nombre 0° 56' 55" au nombre 2° 15' que j'avais employé. Par suite de ce changement, le nombre 49° 57' doit être augmenté de 1° 58' 25" et remplacé par 21° 55' 25". Les chiffres contenus dans les pages suivantes, et basés sur des mesures prises sur l'*Ordnance-map*, doivent tous subir une correction égale ou à peu près égale, soit en plus, soit en moins. Je n'ai pas cru devoir charger l'errata de ces corrections multipliées, parce que n'étant que de 1° 2/3 environ, elles ne sont pas assez considérables pour modifier d'une manière essentielle les conclusions auxquelles ces différents chiffres conduisent, ni les résultats du chapitre consacré au *Système des Pays-Bas*, ainsi qu'on peut le voir page 559 et page 1062.

P. 399, ligne 9 d'en bas, au lieu de O. 38° N., lisez O. 38° 15' N.

Ibid., lignes 9, 8 d'en bas, au lieu de O. 41° 46' N., lisez O. 42° 01' N.

Ibid., ligne 6 d'en bas, au lieu de 6° 6', lisez 6° 21'.

Ibid., ligne 1re d'en bas, au lieu de 9° 4', lisez 9° 19'.

P. 403, ligne 6 d'en haut, au lieu de *particulièrement*, lisez *perpendiculairement*.

P. 582, ligne 4 d'en haut, au lieu de *qui*,
lisez *que*.

P. 654, ligne 13 d'en haut, au lieu de E. 49°
15′ S., lisez E. 18° 45′ 20″ S.

N. B. Les chiffres qui suivent dans le même
alinéa auraient à subir des corrections correspondantes.

P. 681, lignes 7 et 2 d'en bas, au lieu de O.
19° 15′ N., lisez O. 18° 45′ 20″ N.

N. B. Une partie des chiffres des deux pages
suivantes auraient à subir des corrections correspondantes.

P. 684, ligne 8 d'en bas, au lieu de *Lowel
(Massachusett's)* à *Pensacola (Floride)*,
lisez d'*Amherst college (Massachusett's)* à
Knoxville (Géorgie).

P. 712, ligne 10 d'en haut, au lieu de N.-O.,
lisez N.-E.

P. 716, ligne 10 d'en haut, au lieu de N.-O.,
lisez N.-E.

P. 750, ligne 3 d'en bas, au lieu de *rapport*,
lisez *paragraphe*.

P. 767, ligne 12 d'en haut, au lieu de *Amézone*,
lisez *Amazone*.

P. 832, ligne 2 d'en bas, au lieu de *Alpes
principales*, lisez *axe volcanique de la Méditerranée*.

N. B. La même substitution devrait être faite,

en général, jusqu'à la page 1111 par les motifs qui sont expliqués à la fin de cette page, et dans la suivante. J'aurais opéré cette substitution au moyen de *cartons* si le nombre n'avait pas dû en être trop grand.

P. 932, ligne 7 d'en bas, au lieu de 33, lisez 36.

P. 938, ligne 5 d'en haut, au lieu de 33°. lisez 36°.

P. 1041, ligne 9 du bas du tableau, au lieu de N. 71° 58' 17'',09 E., lisez N. 71° 58' 15'',09 E.

P. 1157, ligne 1ʳᵉ d'en bas, au lieu de *cap Torinana*, lisez *cap Villano*.

P. 1168, ligne 10 d'en bas, au lieu de 41° 28' 82'', lisez 41.° 18' 82''.

P. 1175, ligne 15 d'en haut, au lieu de *mont Lugnaquillo*, lisez *mont Lugnaquilla*.

N. B. Le même nom doit être corrigé de même dans les pages subséquentes.

P. 1313, ligne 6 d'en haut, au lieu de *du*, lisez *de*.

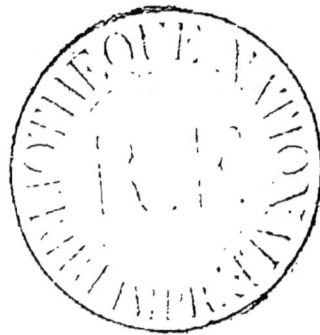

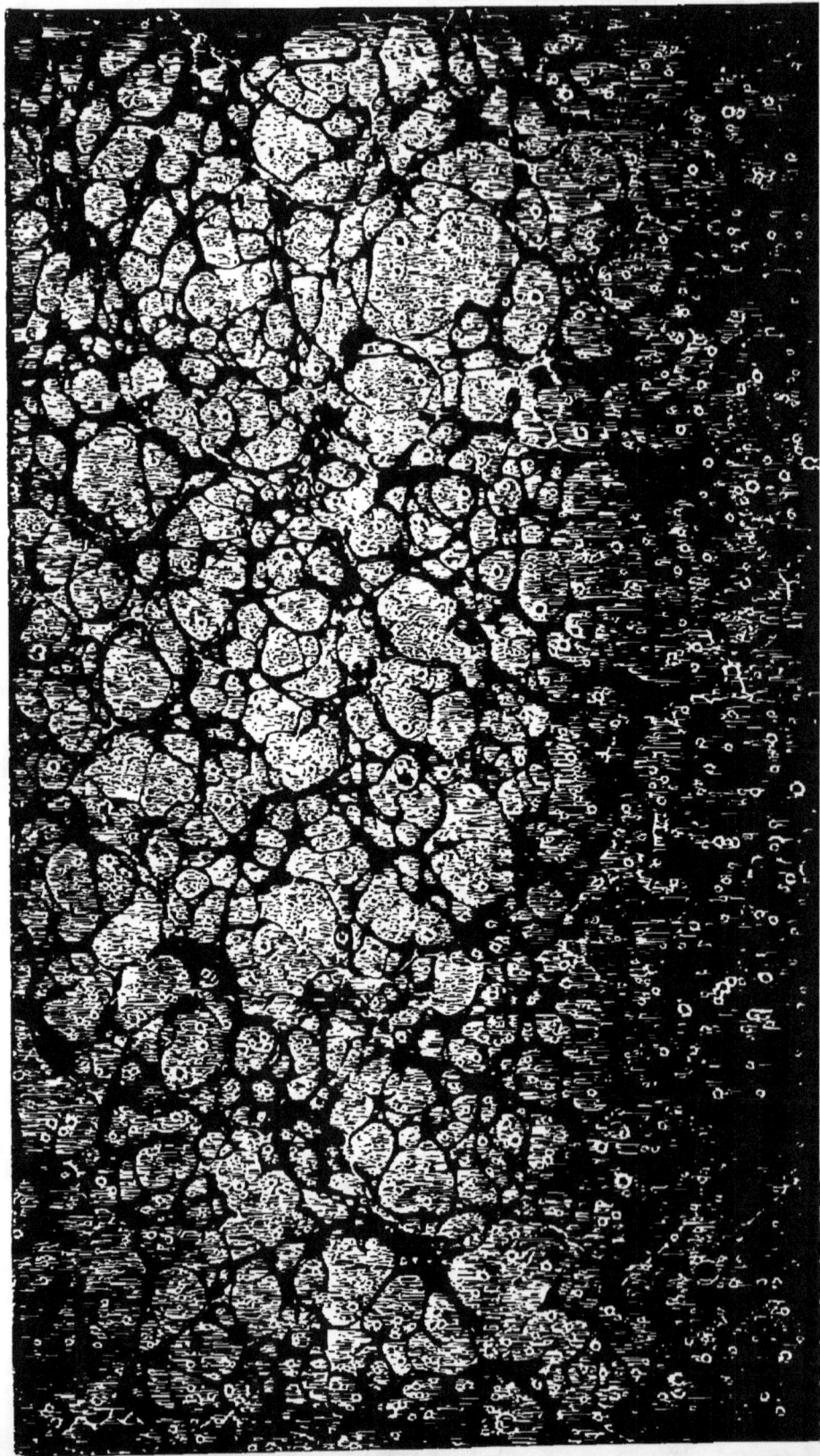

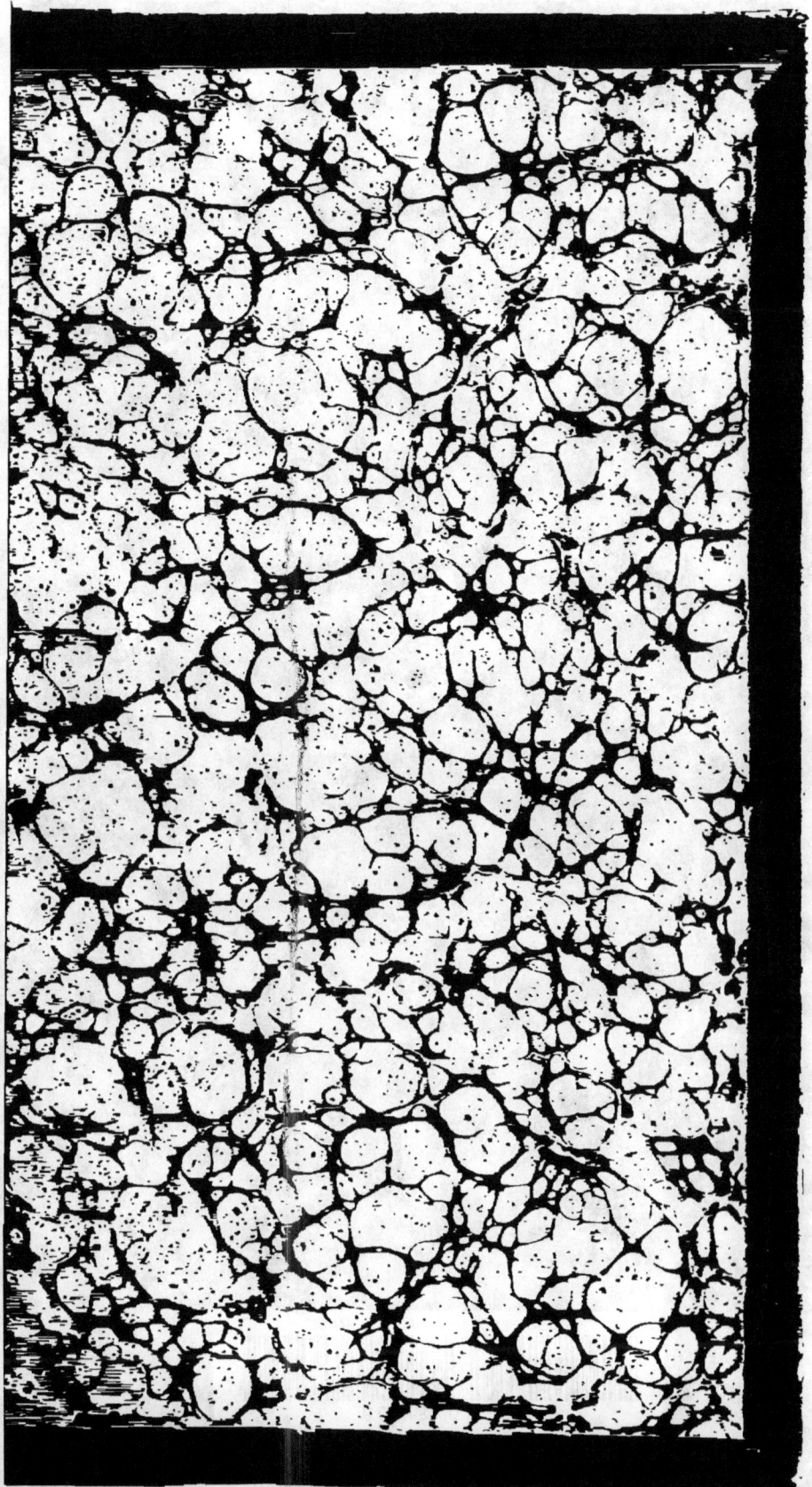

www.ingramcontent.com/pod-product-compliance
Lightning Source LLC
Chambersburg PA
CBHW052058230326
41599CB00054B/3053